Sitzungsberichte
der Akademie der Wissenschaften
in Berlin

Jahrgang 1990 · Nr. 10/N

Elektronenmikroskopie und Festkörperphysik

AKADEMIE VERLAG

Vorträge des Festkolloquiums anläßlich des 70. Geburtstages von Heinz Bethge, Ordentliches Mitglied der Akademie der Wissenschaften in Berlin, veranstaltet von der Klasse Werkstoffwissenschaft, der Klasse Physik und dem Institut für Festkörperphysik und Elektronenmikroskopie der AdW am 23. November 1989

Herausgegeben im Auftrage des Präsidenten
der Akademie der Wissenschaften in Berlin
von Vizepräsident Prof. Dr. Herbert Hörz

ISBN 3-05-001840-2
ISSN 0138-3965

Erschienen in der Akademie Verlag GmbH, O-1086 Berlin
(Federal Republic of Germany), Leipziger Str. 3-4

Gedruckt auf säurefreiem Papier

Texterfassung: Schreibbüro Schubert
Druck und buchbinderische Weiterverarbeitung: GAM MEDIA GmbH

Printed in the Federal Republic of Germany

Inhalt

Werner Scheler

Laudatio zum 70. Geburtstag von Heinz Bethge

Sehr geehrter, lieber Herr Bethge!
Meine Damen und Herren!

Zu Ehren Ihres 70. Geburtstages, den Sie am 15. November bei guter Gesundheit begangen haben, veranstalten die Klassen Physik und Werkstoffwissenschaft unserer Akademie, gemeinsam mit dem Institut für Festkörperphysik und Elektronenmikroskopie, dieses Festkolloquium. Die zahlreich erschienenen Freunde, Kollegen, ehemaligen Mitarbeiter und Schüler beweisen Ihnen das hohe Ansehen, das Sie bei allen genießen: als Akademiemitglied, als ehemaliger Institutsdirektor, als Hochschullehrer und nicht zuletzt als Präsident der Deutschen Akademie der Naturforscher Leopoldina. Wir alle gratulieren Ihnen herzlich und wünschen Ihnen für die Zukunft alles Gute, vor allem Gesundheit und stets viel Freude. Für die von Ihnen in vielfältiger Weise erhaltenen Impulse, Ratschläge und Hilfestellungen, die Sie stets freimütig gegeben haben, sind wir Ihnen sehr dankbar.
Als ich gebeten wurde, die Laudatio für Sie zu übernehmen, habe ich gerne zugesagt. In den vielen Jahren unserer vertrauensvollen Bekanntschaft, lieber Herr Bethge, haben Sie stets Ihr Bestes gegeben, um die Wissenschaft weltweit und besonders in unserem Lande voranzubringen. Lassen Sie mich die Etappen Ihres Wirkens kurz nachzeichnen: 1919 in Magdeburg geboren, gehörten Sie zu der Generation, die unter dem Zweiten Weltkrieg am stärksten zu leiden hatte. Unterbrochen durch die Wirren des Krieges konnten Sie Ihr an der Technischen Hochschule Berlin-Charlottenburg begonnenes Studium für Physik 1949 an der Martin-Luther-Universität Halle-Wittenberg beenden. Bereits als Student und später als Assistent haben Sie zur wissenschaftlichen Entwicklung der wiedereröffneten Universität Halle entscheidend beigetragen. Mit viel Mut und großem Engagement begannen Sie damals mit dem Eigenbau von Elektronenmikroskopen; eines davon war jahrelang in den Leuna-Werken im Einsatz. Es ist schön, daß Ihr allererstes Durchstrahlungs-Elektronenmikroskop - das von Ihnen bescheiden als Mikroskop Nr. 0 bezeichnete Gerät - inzwischen als dekoratives Element der Wandgestaltung im Laborgebäude Ihres Instituts in Halle zu sehen ist. Der Bau der Forschungsgeräte war für Sie stets Mittel zum Zweck; es ging Ihnen um die Anwendung der Elektronenmikroskopie zur Lösung festkörperphysikalischer Probleme, insbesondere um die Erfassung der Realstruktur von Kristallen. Einer Tradition in Halle

folgend, befaßten Sie sich dabei zunächst mit den Alkalihalogenid-Kristallen, vorzugsweise den Steinsalz-Kristallen. Mit Ihrer Promotionsarbeit im Jahre 1954 und Ihrer Habilitationsarbeit im Jahre 1959 haben Sie wichtige Beiträge zur Elektronenmikroskopie in der Festkörperphysik geliefert. Inzwischen gab es in der DDR kommerzielle Transmissions-Elektronenmikroskope, und zwar sowohl im VEB Carl Zeiss Jena wie auch im VEB Werk für Fernsehelektronik Berlin. Bei Ihren weiteren Arbeiten zur Entwicklung von Elektronenmikroskopen haben Sie sich deshalb dem Bau unikaler Oberflächen-Elektronenmikroskope zugewandt, die kommerziell nicht erhältlich waren. Ein universell einsetzbares Emissions-Elektronenmikroskop und mehrere Spiegel-Elektronenmikroskope waren das Ergebnis.

1960 erhielten Sie eine Professur an der Universität Halle, und im gleichen Jahr übernahmen Sie die Leitung der von Ihnen initiierten, neugegründeten Arbeitsstelle für Elektronenmikroskopie unserer Akademie in Halle, die - nach einer zwischenzeitlichen Zuordnung zum Zentralinstitut für Festkörperphysik und Werkstofforschung in Dresden - dank Ihres großen Einsatzes zum Institut für Festkörperphysik und Elektronenmikroskopie ausgebaut werden konnte. Insgesamt 25 Jahre, von 1960 bis 1985, haben Sie Ihr Institut mit Ideenreichtum und Weitblick geleitet und es zu einem wirklichen Zentrum für Elektronenmikroskopie entwickelt, einem Zentrum, das gleichermaßen Ausstrahlungskraft im nationalen und im internationalen Rahmen hatte und auch heute unvermindertes Ansehen genießt. Die Gründung des Internationalen Zentrums für Elektronenmikroskopie der Akademien der Wissenschaften sozialistischer Länder an dem von Ihnen geleiteten Institut im Jahre 1975 ist beredter Ausdruck hierfür.

In Ihrer weltweit anerkannten wissenschaftlichen Tätigkeit, die Aufklärung der Realstruktur von Kristallen mit elektronenmikroskopischen Methoden betreffend, haben Sie stets nach dem Zusammenhang zwischen Defektstruktur und physikalischen Eigenschaften gefragt, d.h. die "störungsempfindlichen" Festkörpereigenschaften lagen Ihnen besonders am Herzen. Der von Smekal in Halle geprägte Begriff der "Lockerstelle" hat Sie bereits als Student fasziniert. Mit Ihrer eigenen langjährigen wissenschaftlichen Tätigkeit konnten Sie dann wesentlich zur Aufklärung der Natur und zum Verhalten von Kristalldefekten beitragen. Dabei ging es Ihnen gleichermaßen um Punktdefekte, um linienhafte Defekte, die Versetzungen, um Planardefekte, z.B. Stapelfehler, und auch um dreidimensionale Defekte, wie Ausscheidungen. Fragen des Einflusses dieser Defekte auf das plastische Verhalten und das Bruchverhalten von Materialien lagen Ihnen besonders am Herzen.

Parallel zu den von Ihnen so erfolgreich betriebenen Arbeiten zum Nachweis der Defektstruktur massiver Festkörper haben Sie sich auf dem Gebiete der Aufklärung der Realstruktur von Kristalloberflächen, insbesondere bei der Erfassung molekularer Prozesse auf Kristalloberflächen, bleibende Verdienste erworben. Es gelang Ihnen die experimentelle Bestimmung kritischer Größen der Oberflächenphysik, wie Keimbildungsraten, Diffusionslängen usw., die u.a. für die Theorie des Kristallwachstums von besonderer Bedeutung sind. Weiterhin möchte ich Ihre grundlegenden Arbeiten auf

dem Gebiete der Grenzflächen und Dünnen Schichten nennen, durch welche wesentlich Ergebnisse zur Aufklärung von Adsorptions-, Epitaxie- und Fehlordnungsprozessen erzielt wurden.
Die von Ihnen für Ihre festkörperphysikalischen Untersuchungen eingesetzte Methode der elektronenmikroskopischen Oberflächendekoration ist eng mit Ihrem Namen verknüpft. Die Bethgeschen Dekorationsaufnahmen von Alkalihalogenid-Oberflächen sind den Fachleuten in aller Welt bekannt. Parallel dazu wurde später in Ihrem Institut die direkte Transmissions-Elektronenmikroskopie im Beugungskontrast und auch in der Hochauflösungs-Technik eingesetzt. Frühzeitig wurde von Ihnen die Bedeutung der Höchstspannungs-Elektronenmikroskopie für die in-situ-Untersuchung von Festkörpern erkannt. Ihrem Weitblick ist es zu verdanken, daß bereits 1970 ein 1000-kV-Höchstspannungs-Elektronenmikroskop in Halle installiert werden konnte, mit dem auch heute noch erfolgreich gearbeitet wird. Auf dem Gebiete der Untersuchung von Oberflächen haben Sie konsequent die für ein definiertes Arbeiten notwendige Ultrahochvakuumtechnik angewandt und in Ihrer eigenen Institutswerkstatt UHV-Anlagen für die Präparation und für die Analyse von Oberflächen gebaut. Besonders zu nennen ist hier das von Ihnen aufgebaute Ultrahochvakuum-Photoemissions-Elektronenmikroskop, für dessen Weiterentwicklung Sie sich auch heute noch stark engagieren. Eine Methodenkombination im Sinne des von Ihnen geprägten Begriffes der "Abbildenden Oberflächenanalyse" hatten Sie dabei stets im Auge.
Ihre Forschungsarbeiten haben Sie stets unter dem Blickwinkel der Einheit von Grundlagenforschung und angewandter Forschung gesehen. Grundlegende Ergebnisse der Festkörper-, der Oberflächen- und der Dünnschicht-Physik sind wirkungsvoll in wichtige Anwendungsgebiete, wie die Werkstofforschung und die Mikroelektronik, eingeflossen. Beispiele hierfür sind die Übertragung der an Modellsubstanzen, wie MgO, erzielten Resultate auf die Entwicklung von Konstruktions- und Sonderwerkstoffen der Keramik, oder das Einfließen der Resultate von Schichtwachstumsuntersuchungen in die Entwicklung von Kontakt- und Leitbahnsystemen für die Mikroelektronik.
Als Hochschullehrer, als Institutsdirektor und als aktiv Forschender haben Sie es verstanden, Ihre Ideen und Ihr Wissen und Können mit sichtbarer Begeisterung an Ihre Schüler weiterzureichen, so daß mit Recht von der Bethgeschen Schule gesprochen wird. Diese Schule ist nicht nur an der Arbeitsatmosphäre in Ihrem Hallenser Institut zu spüren, das in der Zwischenzeit etwa 170 Mitarbeiter zählt, sondern überall im Lande, wo Ihr Gedankengut auf fruchtbaren Boden gefallen ist. Die fachliche Breite der Bethgeschen Schule ist wohl am ehesten aus der von Ihnen herausgegebenen Monographie "Elektronenmikroskopie in der Festkörperphysik" zu erkennen, die eine starke internationale Verbreitung gefunden hat.
Daß einem kreativen Wissenschaftler wie Ihnen, lieber, sehr verehrter Herr Bethge, zahlreiche Anerkennungen und Ehrungen zuteil geworden sind, ist verständlich: Sie wurden 1969 als Mitglied unserer Akademie gewählt. Seit 1974 sind Sie Mitglied der

Sächsischen Akademie der Wissenschaften, seit 1977 auswärtiges Mitglied der Bulgarischen Akademie der Wissenschaften, seit 1979 auswärtiges Mitglied der Österreichischen Akademie der Wissenschaften und Ehrenmitglied der Holländischen Gesellschaft für Wissenschaft und der Physikalischen Gesellschaft Ungarns.
Als Präsident der Deutschen Akademie der Naturforscher Leopoldina und als deren langjähriges Mitglied, bereits seit 1964, hat Ihr Wirken eine besondere Anerkennung gefunden. 1973 erhielten Sie die Carus-Medaille dieser Akademie, und erst vor einigen Tagen wurde Ihnen die Cothenius-Medaille überreicht. Daß zu Ehren Ihres 70. Geburtstages in der vorigen Woche ein Physiker-Meeting der Leopoldina unter dem Titel "Fortschritte experimenteller Methoden" stattgefunden hat, zeigt Ihnen die Verbundenheit der Fachkollegen mit Ihnen.
Sie erhielten 1967 den Nationalpreis der DDR, 1979 den Vaterländischen Verdienstorden in Silber und wurden 1984 als Hervorragender Wissenschaftler des Volkes ausgezeichnet. Die Ehrendoktorwürde der damaligen Technischen Hochschule Karl-Marx-Stadt wurde Ihnen 1978 verliehen. Ihr Rat war und ist in vielen wissenschaftlichen Gremien gefragt: Sie sind Mitbegründer und waren langjährig Mitglied der Internationalen Organisation für Kristallwachstum (IOCG) und Mitglied des Internationalen Komitees für dünne Schichten (ITFC). Sie wurden 1978 in das Exekutiv-Komitee der Internationalen Föderation der Elektronenmikroskopie-Gesellschaften gewählt, dem Sie 8 Jahre lang angehörten. Den Beratergremien der Zeitschriften "physica status solidi", "Journal of Crystal Growth", "Crystal Lattice Defects" und der Monographieserie "Topics in Crystal Growth" gehören Sie seit vielen Jahren an. Bei der Niederschrift dieser Aufzählungen sehe ich Sie unwirsch abwinken; Sie sind ein Mann der Taten, nicht der Repräsentation.
Vieles könnte noch gesagt werden über den passionierten Wissenschaftler, den findigen Wissenschaftsorganisator und den humorvollen Menschen Heinz Bethge, an dem seine Freunde, seine Kollegen und seine Schüler besonders seine unkonventionelle und freundliche Art, Rat zu geben, schätzen und seine Hilfe nicht nur bei der Lösung wissenschaftlicher Probleme, sondern auch in persönlichen Angelegenheiten dankbar anerkennen.
Lassen Sie mich abschließen, lieber Herr Bethge, mit einem herzlichen Dank an Sie für alles, was Sie in den vergangenen Jahrzehnten für die Wissenschaft ins Land hinein und über die Grenzen des Landes hinaus und insbesondere für unsere Akademie geleistet haben. Ich bin sicher, daß sich das festlich versammelte Auditorium diesem Dank anschließt und daß es Ihnen mit mir für noch viele Jahre Gesundheit und Ideenreichtum wünscht, so daß wir auch weiterhin mit Ihrem Rat und mit Ihrer Unterstützung rechnen können. Alles Gute für Sie!

Volker Schmidt

Elektronenmikroskopie in der Plastizitäts- und Bruchforschung

Einige Teilnehmer dieses Festkolloquiums, zu denen auch ich mich zählen darf, haben über mehr als drei Jahrzehnte Professor Bethge als Physiker, als Förderer und als Mensch erleben können. Daher will ich in meinem Vortrag, auf diese Zeitspanne zurückschauend, Erinnerungen über Beginn und Fortgang der Forschungen wecken, die zu Fragen der Plastizität und des Bruchs im Bethgeschen Institut in Halle durchgeführt wurden.

Nach dem Zweiten Weltkrieg konnten die Physiker der 1946 wiedereröffneten halleschen Universität, darunter Bethge, u.a. auf Erfahrungen Smekals aufbauen, der hier bis 1945 als Ordinarius für theoretische und technische Physik durch grundlegende Arbeiten über die "Strukturempfindlichkeit" der Eigenschaften von Kristallen und Gläsern wichtige Beiträge zum Verständnis auch der realen Festigkeit geliefert hat /1/. Hierauf wurde in der Laudatio bereits Bezug genommen. Smekal hat als Ursache für die Diskrepanz zwischen realer und idealer Festigkeit 'Lockerstellen' - Strukturdefekte mikroskopischer und submikroskopischer Abmessung - vermutet. Lichtmikroskopische Untersuchungen geeignet vorbehandelter Kristalle von Rexer in den 30er Jahren in Halle schienen auf die Existenz derartiger Lockerstellen hinzuweisen. Später - in den 50er Jahren - wurden diese Rexerschen Arbeiten u.a. von Dekeyser und Amelinckx in Belgien wieder aufgegriffen, um mit dieser "Methode der inneren Dekoration" nicht lokale Lockerstellen, sondern Versetzungen z.B. in Korngrenzen lichtmikroskopisch nachzuweisen: Die Vorstellungen der inzwischen in den Grundzügen erarbeiteten Versetzungstheorie über verschiedene Arten von Kristalldefekten hatten die früheren noch undifferenzierten Vorstellungen Smekals über Lockerstellen verdrängt.

Der damals junge Physiker Bethge war vorausschauend fest davon überzeugt, daß zu weiterführenden Untersuchungen über eigenschaftsbestimmende Strukturdefekte u.a. ein Elektronenmikroskop wichtige Voraussetzung ist: Bereits 1951 war das von ihm gebaute funktionstüchtige Gerät der "ersten Generation" fertig, es folgten verbesserte oder spezielle Versionen, worüber Herr Heydenreich berichten wird. Wir müssen diese Leistung und Zielstrebigkeit, insbesondere mit Blick auf die damalige Zeit, bewundern. Damit waren die Grundlagen für weitere Entwicklungen geschaffen und, wie man leichthin sagen könnte, künftige Erfolge vorgegeben. Der Smekalschen Tradition folgend, wurden für die begonnenen Grundlagenuntersuchungen Steinsalzkristalle verwendet, die gegenüber anderen Kristallen vielerlei vorteilhafte physikalische Eigenschaften boten. Sie lassen sich z.B. in Würfelflächen leicht spalten, und von Spaltflächen durchschnittene Strukturdefekte sollten damit auf den erzeugten Oberflächen, wenn vorhanden, und in Verbindung mit 'geeigneten' Vorbehandlungen elektronenmikroskopisch nachweisbar sein. Für die Sichtbarmachung von Oberflächenstrukturen im Elektronenmikroskop stand damals die Mahlsche Abdrucktechnik in Kombination mit Metall-Schrägbeschattung zur Verfügung, die durch Platin-Kohle-Abdruckverfahren in der 'Auflösung' verbessert wurde.

Als externer Diplomand sollte ich 1957/58 beim damaligen Dr. Bethge in seinem Elektronenmikroskop der "2. Generation" Strukturdefekte, wie sie z.T. aus lichtmikroskopischen Untersuchungen speziell geätzter Proben bekannt waren, auf Steinsalzspaltflächen nachweisen. Es gab Teilerfolge, wie Abb. 1 zeigt: Durch Keimbildung von aufgedampftem NaCl konnten Durchstoßpunkte von Schraubenversetzungen in Kleinwinkelkorngrenzen und von diesen ausgehende atomare Spaltstufen elektronenmikroskopisch nachgewiesen werden.

Der Durchbruch kam aber mit der Methode der Golddekoration, die Bassett 1957

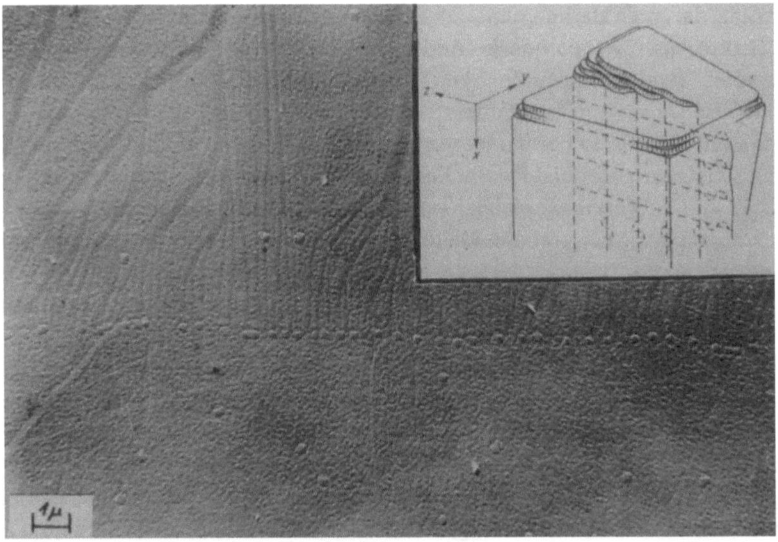

Abb. 1: Von Schraubenversetzungen in einer Kleinwinkelkorngrenze ausgehende atomar hohe Spaltstufen
(Bethge/Schmidt 1958)

entwickelte und z.B. auf einer Elektronenmikroskopie-Tagung 1958 in Berlin vorstellte. Damit gelang (siehe Abb. 2) bei hoher lateraler Auflösung der eindeutige Nachweis atomarer Oberflächenstufen - ein deutlicher Fortschritt, der erst jetzt durch die Rastertunnelmikroskopie z.T. überboten wird. Bethge hat die weiten Anwendungsfelder für

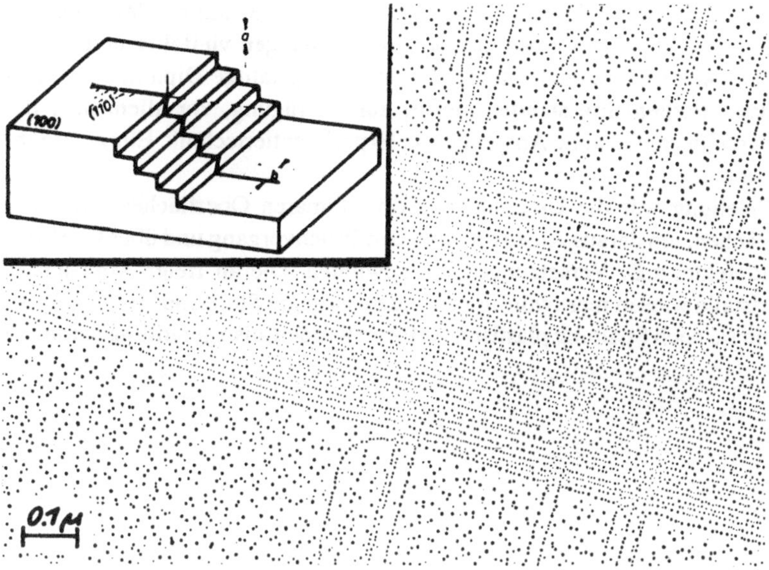

Abb. 2: Sichtbarmachung atomarer hoher Stufen mit der Methode der Golddekoration nach Bassett

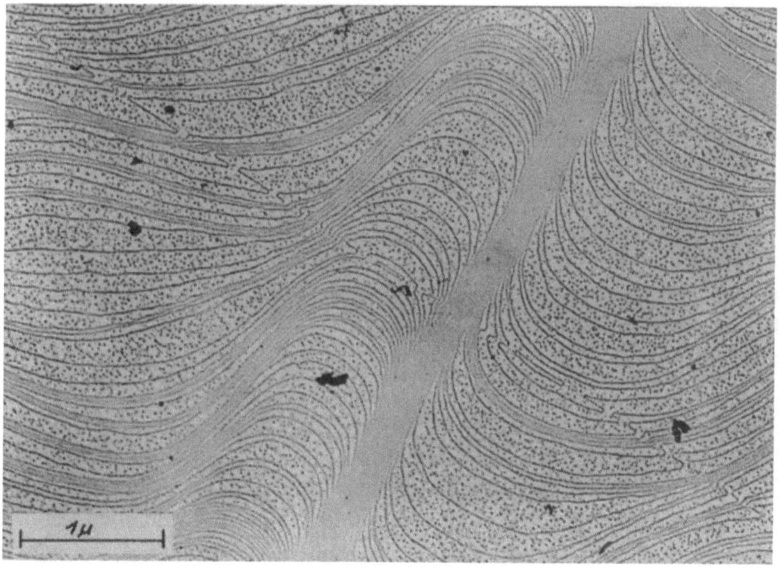

Abb. 3: Verrundete Oberflächenstrukturen nach Spaltung in freier Atmosphäre (Bethge 1959)

die Festkörper- und Oberflächenphysik damals sofort erkannt und die Methode der Golddekoration für elektronenmikroskopische Untersuchungen vielfältig und konsequent weiterentwickelt und genutzt. Mehrere begeisterungsfähige Diplomanden aufeinanderfolgender Studienjahre standen hierfür zur Verfügung, vor allem aber ein ganzes Bündel von Ideen und hohe Ansprüche an Experimentiertechnik. Einige Ergebnisse will ich nennen:

Eine erste Zielstellung war die Untersuchung des atomaren Oberflächenreliefs auf Steinsalzspaltflächen, um daraus Aussagen über den Bruchvorgang und über Einflüsse durch Strukturdefekte, z.B. Versetzungen, zu gewinnen. Die an freier Atmosphäre gespaltenen Kristalle wiesen merkwürdig verrundete atomare Stufen auf (vgl. Abb. 3), auch dann, wenn sie nach Spaltung plastisch verformt wurden, also geradlinige atomare

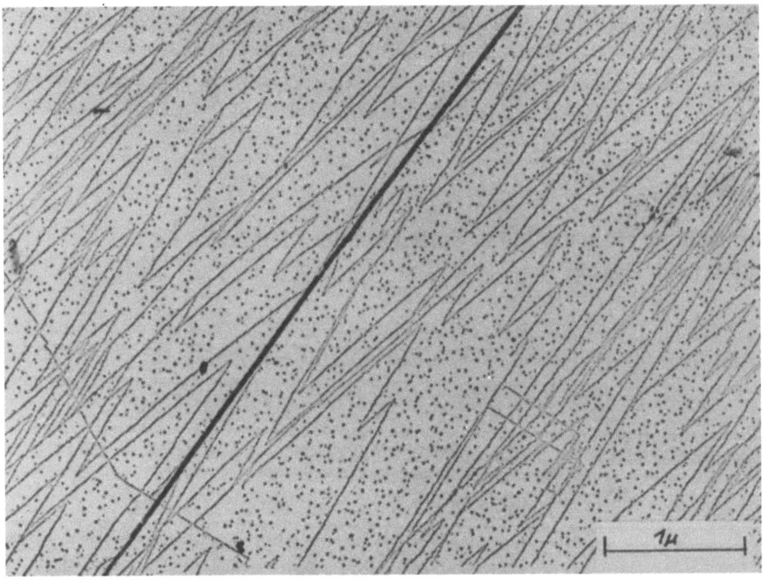

Abb. 4: 'Echte' atomar hohe Spaltstrukturen auf Steinsalzkristallen bei Spaltung und Präparation im Vakuum
(Bethge/Kästner 1960)

Gleitstufen erwartet werden konnten - was Ziel einer parallel durchgeführten Diplomarbeit war. Klarheit wurde erst erzielt, als Kästner Spaltung (auch nachfolgende Verformung) und Präparation durch Golddekoration im Vakuum vornehmen konnte. Die 'echte' atomare Spaltstruktur hat dann das Aussehen wie in Abb. 4; sie wurde 'elementare Spaltstruktur' genannt.

Einfügen möchte ich, daß Krohn die verrundeten Strukturen der Abb. 3 als 'Wachstumsstrukturen' beschreiben konnte: Bei Spaltung in freier Atmosphäre werden Oberflächenbereiche durch vorhandenen Wasserdampf angelöst - die ursprünglichen Oberflächenstrukturen also zerstört. In dem zur Golddekoration notwendigen Vakuum sowie bei Erwärmung verdampft das Wasser des Oberflächenfilms, und es kommt zur Rekristallisation. Die verrundeten Strukturen hängen damit gewissermaßen vom 'Wetter' ab, von Vakuumpumpgeschwindigkeit und Temperatur. Bei gezielt eingestellten geringen Wachstumsgeschwindigkeiten wurde Spiralwachstum um Schraubenversetzungen beobachtet. Anfangsstadien der Anlösung bzw. den Einfluß von Randspannungen hat Höche untersucht. Sehr erfolgreiche und gründliche Untersuchungen zu atomaren Abbau- und Wachstumsvorgängen auf NaCl hat Keller durchgeführt (thermisches Abdampfen bzw. Aufdampfen bei höheren Temperaturen), was ich hier nur am Rande erwähnen kann (vgl. Abb. 5).

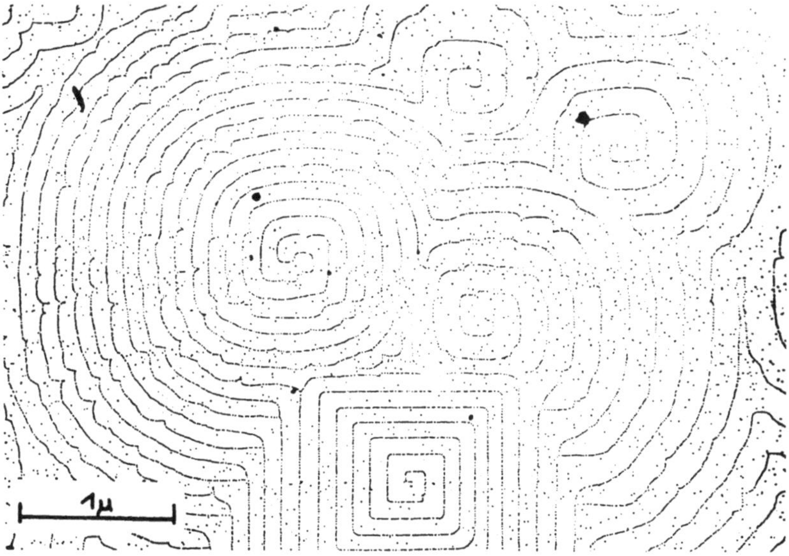

Abb. 5: Abdampfspiralen um Versetzungsdurchstoßpunkte
(Bethge/Keller 1961)

Kästner beobachtete neben der elementaren Spaltstruktur spezielle atomare Strukturen (Abb. 6), die offensichtlich von einzelnen vom Riß mitgeführten Versetzungen gebildet wurden, die während der Rißausbreitung um die Rißfront Schwingungen ausführten, dabei alternierend sowohl Gleit- als auch Spaltstufen erzeugend (Modell in Abb. 7). Das waren überzeugende Hinweise, daß aus Untersuchungen der Spaltstruktur Ergebnisse über plastische Vorgänge bei Rißausbreitung zu gewinnen sind. Für quantitative

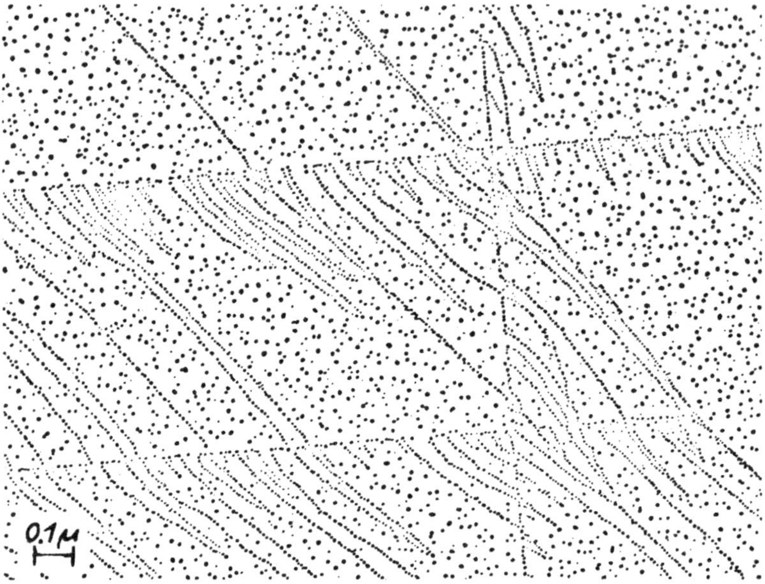

Abb. 6: Bildung von Spalt- und Gleitstufen durch im Rißgrund oszillierende Versetzungen
(Bethge/Kästner 1960)

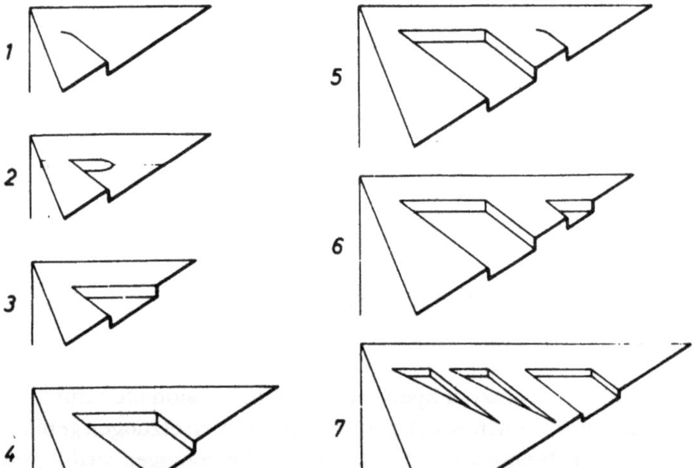

Abb. 7: Modell zur Bildung von Spalt- und Gleitstufen gemäß Abb. 6
(Bethge/Kästner 1961)

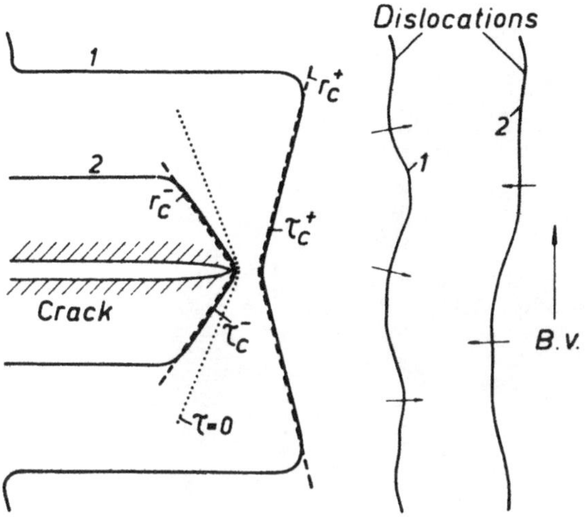

Abb. 8: Modell zur Mitführung von Versetzungen in der plastischen Zone
um einen sich ausbreitenden Riß
(Schmidt 1966)

Aussagen war in weiterführenden Arbeiten der Einfluß der Rißgeschwindigkeit auf derartige Vorgänge bzw. Strukturen zu ermitteln. Ein Modell für Anordnung und Mitführung von Versetzungen in der plastischen Zone des Risses zeigt Abb. 8. Parallel zur Spaltfläche werden in kristallographischen Richtungen liegende Versetzungen 'abgelagert', deren Abstände von der Bruchfläche der rißgeschwindigkeitsabhängigen Größe der plastischen Zone entsprechen. Die Abmessung der plastischen Zone und die Versetzungsdichten konnten in Abhängigkeit von der Rißgeschwindigkeit ermittelt werden, woraus Aussagen über die Energiedissipation durch plastische Vorgänge zu gewinnen waren. Das Netzwerk parallel zur Spaltfläche 'abgelagerter' bruchinduzierter Versetzungen zeigt Abb. 9. Weitere Ergebnisse sind u.a. in /2/ und /3/ beschrieben. Die golddekorierten Spaltflächen ließen im Elektronenmikroskop natürlich auch Strukturen erkennen, die von Korngrenzen bzw. Kleinwinkelkorngrenzen herrühren. Detaillierte Aussagen über Versetzungsanordnungen 'niedriger Energie' in solchen 'zweidimensionalen' Kristalldefekten hat Scholz gewonnen. Ein Beispiel zeigt Abb. 10.
Mit der schon erwähnten Apparatur zur Spaltung und Verformung von Kristallen im Vakuum und in Verbindung mit spannungsoptischen und elektronenmikroskopischen Beobachtungen hat Kästner umfangreiches Material zur Beschreibung der plastischen Verformung - zu elementaren Gleitvorgängen, Bildung und Aufbau von Gleitbändern - erarbeitet (vgl. Abb. 11).
Bethge regte, darauf aufbauend, Nover zu einer Diplomarbeit an, die weiterführende Aussagen zur zeitlichen Aufeinanderfolge atomarer Gleitvorgänge liefern sollte. Das

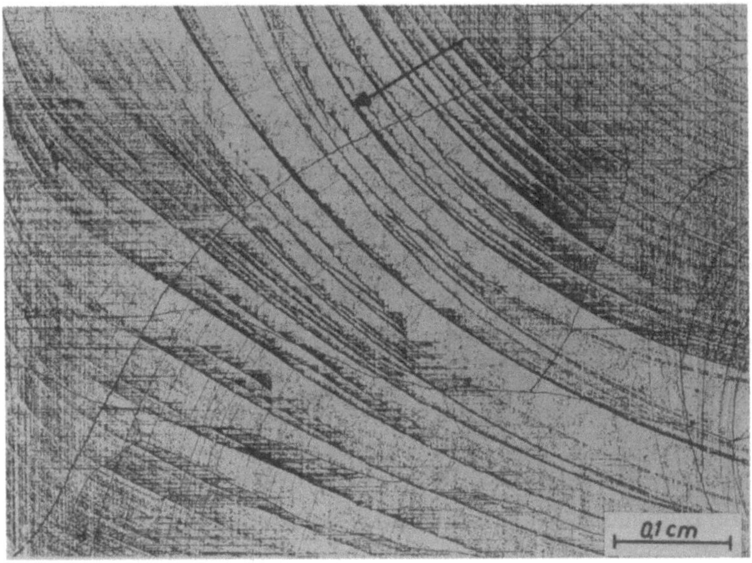

Abb. 9: Nachweis der bei Rißausbreitung erzeugten Versetzungen durch gezieltes Ätzen der LiF-Spaltfläche (Schmidt/Zies 1968)

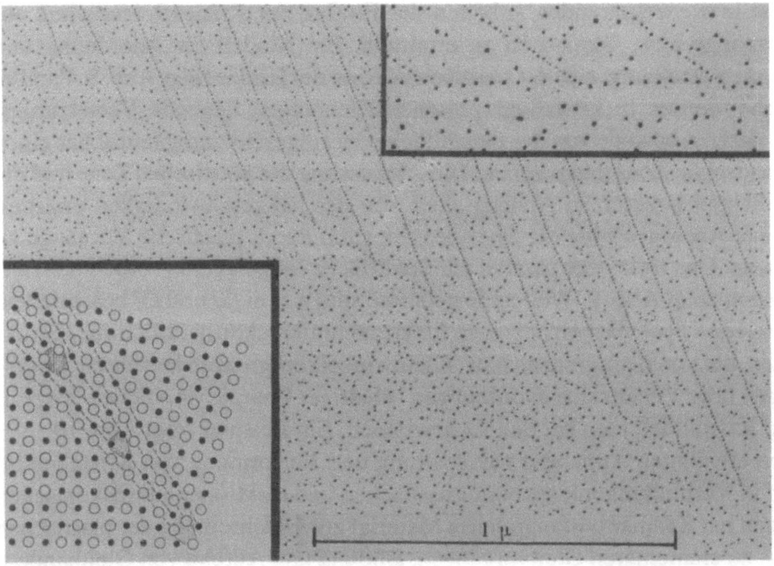

Abb. 10: 'Dekorierte' Stufenversetzungsdurchstoßpunkte und durch 'Fremdversetzungen' gestörter Verlauf von Kleinwinkelkorngrenzen

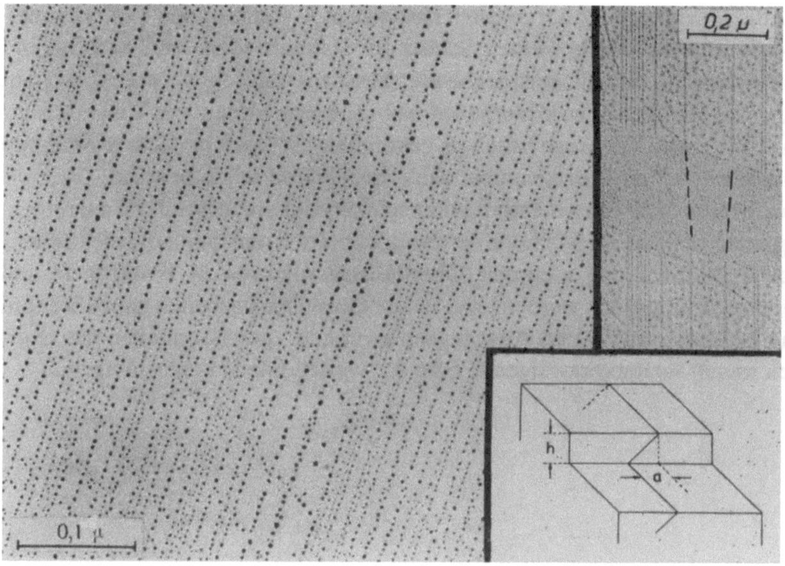

Abb. 11: Elementare Gleitstufen nach kontrollierter Verformung (Kästner 1964)

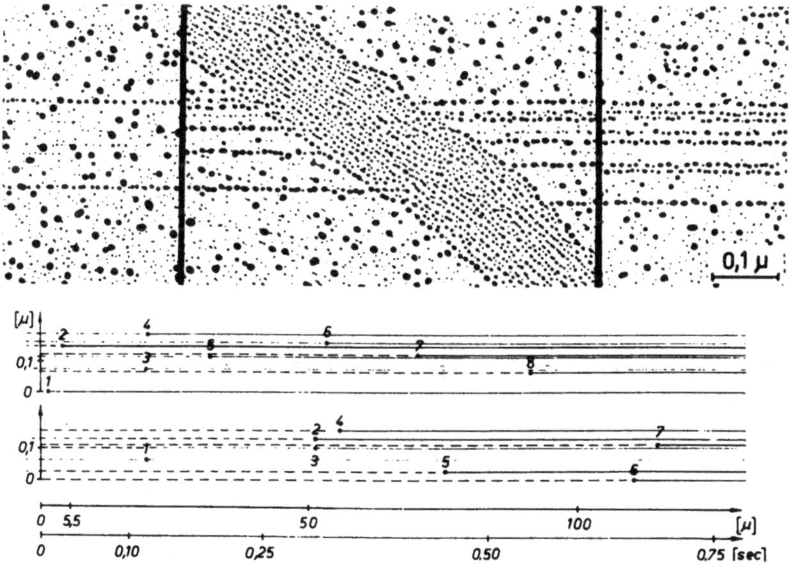

Abb. 12: Durch 'Schlitzbedampfung' während der Verformung erzielbare Aussagen über zeitliche Abfolgen elementarer Gleitvorgänge (Au- und Pd-Bedampfung)

führte zur Methode der "zeitlich aufgelösten Dekoration": Während des Verformungsvorgangs wurde durch einen bewegten Schlitz im Vakuum Gold und nachfolgend Palladium aufgedampft, womit entsprechende Aussagen tatsächlich erzielt werden konnten. Ohne weitere Details wird hierzu auf Abb. 12 hingewiesen. Für Untersuchungen langsam ablaufender Vorgänge hatte sich zuvor die wesentlich einfachere Methode der "Doppeldekoration" zu Aussagen über zeitliche Abläufe schon bewährt.
Bethge konnte bereits 1962 in zwei Publikationen in physica status solidi /4/ aufzeigen, wie vielfältig und fruchtbar die Methode der Golddekoration und damit die elektronenmikroskopische Beobachtung atomarer Oberflächenstrukturen in Festkörper- und Grenzflächenphysik eingesetzt werden kann. Diese Grundlagenarbeiten haben weithin Anerkennung gefunden und waren Ausgangserfahrungen - gewissermaßen die "Keime" - für sich immer weiterverzweigende oder für vertiefende Untersuchungen.

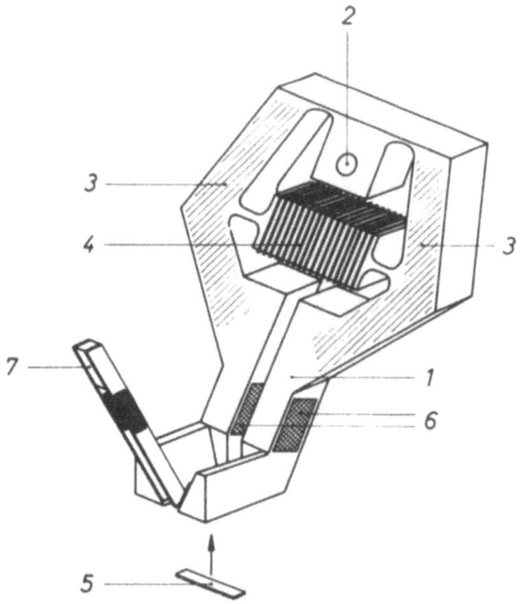

Abb. 13: Vorrichtung zur in situ Verformung im Höchstspannungs-elektronenmikroskop

Entscheidend für die weitere Entwicklung der Forschungsrichtungen, vor allem aber auch des Instituts zu einem nationalen und internationalen Zentrum für Elektronenmikroskopie, war die großzügige Ausstattung mit neuen elektronenmikroskopischen Geräten Ende der 60er und in den 70er Jahren: Raster (REM)-Höchstspannungs-(HEM) und Hochauflösungselektronenmikroskopie (HREM) standen als vielseitig einsetzbare Methoden im Bethgeschen Institut zur Verfügung. Messerschmidt und

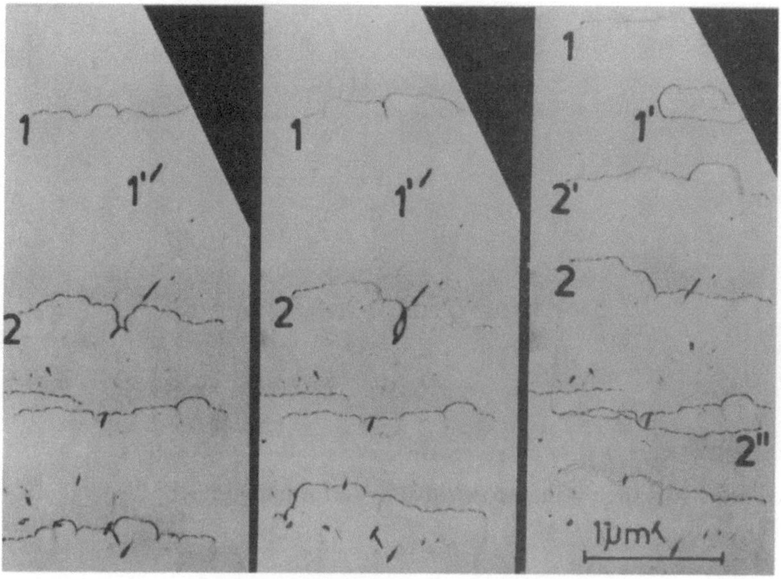

Abb. 14: Versetzungsvervielfachung bei Gleitung in MgO; drei Stadien aus der in situ-Beobachtung von Verformungsvorgängen (Appel/Messerschmidt 1975)

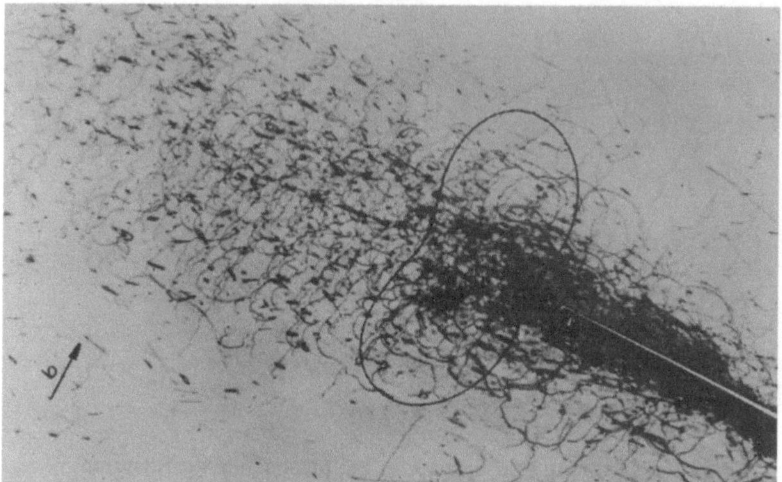

Abb. 15: Versetzungen um eine Rißspitze in MgO (Appel/Messerschmidt 1979)

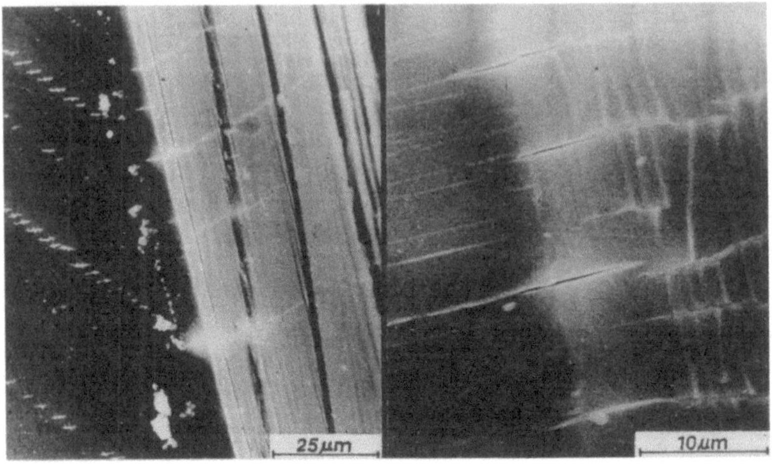

Abb. 16: Mikrobruchvorgänge während der in situ-Verformung im REM (Albrecht 1977)

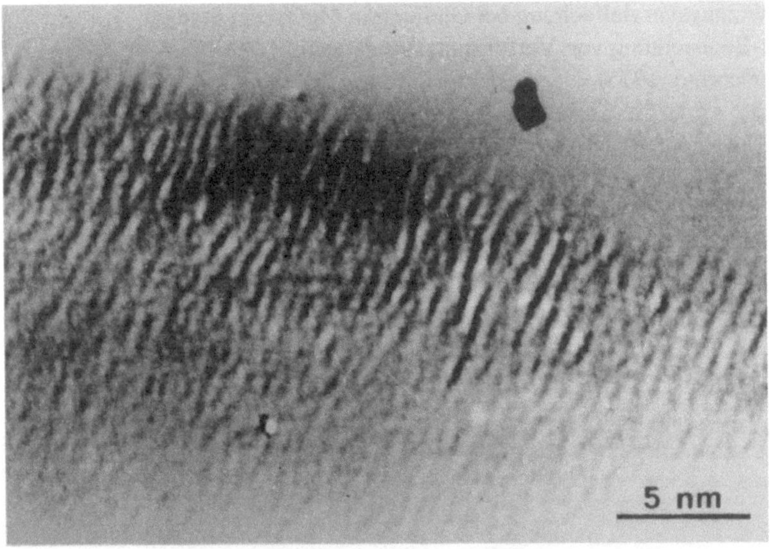

Abb. 17: Strukturelle Veränderung von Silicatglas bei plastischer Verformung; Hochauflösungsaufnahme
(Hopfe 1980)

Appel entwickelten und bauten auf Bethges Anregung eine Verformungseinrichtung zur in-situ-Untersuchung von elementaren Prozessen der plastischen Verformung im HEM (vgl. Abb. 13). Zwei Bildbeispiele aus den langjährig sehr erfolgreichen und fruchtbaren Arbeiten sind in Abb. 14 und 15 dargestellt /5/.
In-situ-Verformungen waren ebenfalls im REM möglich und führten Albrecht zu Aussagen über Mikrobruchvorgänge im Vorbruchstadium (vgl. Abb. 16). Durch HEM und HREM-Beobachtungen konnte Hopfe erstmals Aussagen über strukturelle Veränderungen in Glas bei plastischer Verformung gewinnen (Abb. 17), die durch Computersimulation des Abbildungsvorgangs (Neumann, Hillebrand u.a.) gestützt wurden (siehe Abb. 18).

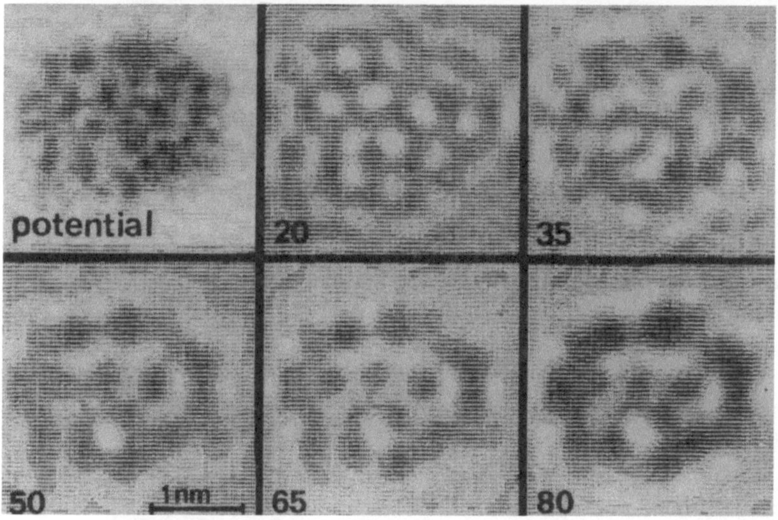

Abb. 18: Computersimulation der Abbildung von 'Strukturen' in Silicatglas (Hillebrand/Neumann u.a. 1984)

Anwendungsorientierte Arbeiten mit Hilfe des HEM zum Einfluß der Struktur auf die Festigkeit von Polymeren bzw. zur Optimierung der Schlagzähigkeit werden seit vielen Jahren sehr erfolgreich für die chemische Industrie unter Leitung von Michler durchgeführt, womit zugleich Grundlagenwissen erweitert wurde. Abb. 19 zeigt hierzu ein Beispiel. Die Proben werden z.T. ebenfalls in situ während der Beobachtung im HEM verformt.
Durch Bau von Zusatzeinrichtungen wurden im HEM z.B. auch in-situ-Untersuchungen von $ZrO2$-Phasenumwandlungen in Hochleistungskeramiken möglich. Ein von Woltersdorf und Pippel erzieltes Ergebnis ist in Abb. 20 gezeigt. Auf ihre sehr umfassenden und erfolgreichen diagnostischen Beiträge zur Eigenschaftsoptimierung

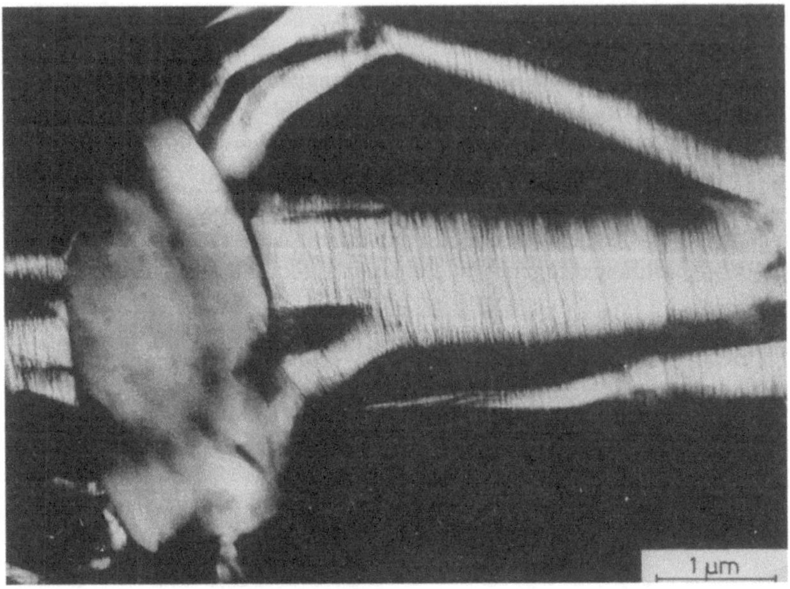

Abb. 19: Crazestrukturen in verformten schlagzähen Polymeren (PS), HEM-Aufnahme (Michler 1980)

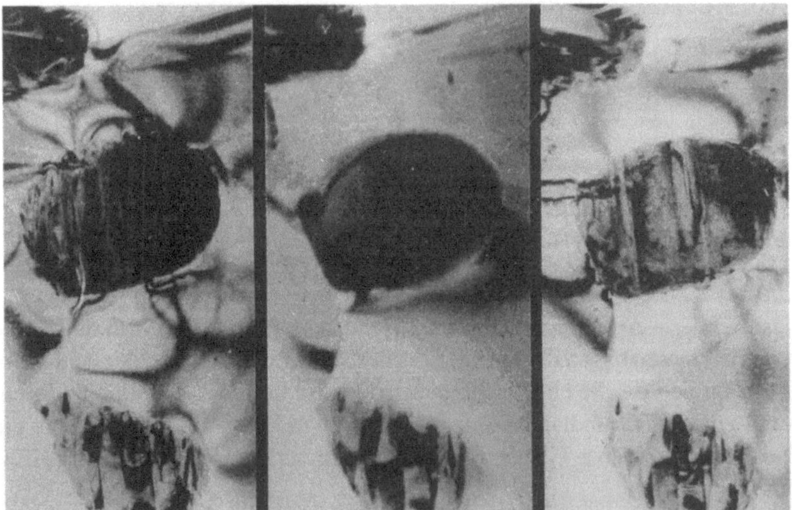

Abb. 20: ZrO2-Phasenumwandlung in Hochleistungskeramik; in situ-Erwärmung und Abkühlung im HEM (Woltersdorf/Pippel 1989)

von Keramiken durch HEM und HREM-Untersuchungen kann aber im Rahmen dieses Vortrags nicht eingegangen werden.
Zwei weitere Arbeitsrichtungen des IFE will ich erwähnen, die vor mehreren Jahren begonnen und zunehmend ausgebaut wurden: Schadensforschung auf der Basis der REM-Fraktographie - hierzu wurde eine jetzt von Möser angeleitete Kooperationsgemeinschaft gegründet - und Sicherheitsbewertungen von Bauteilen und Anlagen mit numerischen bruchmechanischen Methoden (Kuna und Mitarbeiter).
Allen in diesem Rahmen nur kurz erwähnten Arbeiten, darunter auch mehreren anwendungsorientierten, liegt die eingangs erwähnte und von Bethge aufgegriffene Grundfrage nach dem Zusammenhang zwischen Struktur und Eigenschaft zu Grunde, deren Beantwortung den Einsatz vor allem auch elektronenmikroskopischer Methoden bedarf. Vertiefung und Verzweigung wurden von ihm kräftig gefordert und gefördert. Dies wollte ich in Dankbarkeit und Verehrung zeigen.
Bethge hat uns schon vor dreißig Jahren durch unkonventionelle Art, tiefgründigen Humor, Ernst und Zielstrebigkeit in der Arbeit, Kritik - auch Zeitkritik - und bewußt angebrachte Zweifel sowie durch vielseitige Anregungen begeistert. Mitten in Fachdiskussionen, auch Prüfungen, konnte es geschehen, daß er auf persönliche Erlebnisse, Berichte über bedeutende Physiker und andere Persönlichkeiten umschwenkte, über neu Gelesenes oder Gehörtes aus Literatur und Musik berichtete oder daß 'Maß genommen' wurde an unseren Kenntnissen, z.B. der modernen Kunst. So haben wir ihn kennengelernt und so ist es bis zum heutigen Tag geblieben. Wir wünschen dem Jubilar vor allem Gesundheit, Freude und Erfolg in seinen Werken und Zielen.

Literatur

/1/ Smekal, A., Strukturempfindliche Eigenschaften der Kristalle, in: Handbuch der Physik. Hrsg. H. Geiger, K. Scheel, Springer Verl. Berlin Bd. 24/2 1933, S. 795-922.

/2/ Schmidt, V., Rißausbreitung und Bruchphänomene in relativ spröden Körpern, in: Strukturabhängiges mechnisches Verhalten von Festkörpern. Hrsg. U. Hofmann u.a., Akademie-Verl. Berlin 1979, S. 98-110.

/3/ Schmidt, V., Aktuelle Probleme der Bruchforschung. Sitzungsber. Akad. Wiss. DDR 2/N/1976, S. 11-27.

/4/ Bethge, H., Oberflächenstrukturen und Kristallbaufehler im elektronenmikroskopischen Bild, untersucht an NaCl. phys. stat. sol 2, 3-27 und 755-820 (1962).

/5/ Messerschmidt, U., Untersuchungen zur Versetzungskinetik und -dynamik bei der plastischen Verformung. Sitzungsber. Akad. Wiss. DDR 11/N/1980, 345.

Heinz Niedrig

Atomemission von Einkristallen unter Ionenbeschuß

Verehrte Festversammlung,
lieber Herr Bethge!

Ich möchte vorab einen offiziellen Auftrag erfüllen: Im Namen des Vorstandes der Deutschen Gesellschaft für Elektronenmikroskopie, deren Ehrenmitglied Sie, Herr Bethge, seit kurzem sind, darf ich Ihnen die besten Glückwünsche des Vorstandes zu Ihrem 70. Geburtstag überbringen.
Diesen Glückwünschen möchte ich mich persönlich auf das Herzlichste anschließen und Ihnen Gesundheit und Wohlergehen wünschen in der Hoffnung, daß Sie auch weiterhin mit so viel Freude an der Fortentwicklung der Physik und der Elektronenmikroskopie teilnehmen werden!
Ich möchte in der kommenden Viertelstunde etwas aus dem Bereich der Oberflächenphysik berichten, einem Gebiet, dem Herr Bethge durch seine Dekorationsmethode von durch Abdampfen entstandenen atomaren Stufen auf Kristalloberflächen so außerordentliche Impulse gegeben hat. Ich möchte mich allerdings nicht mit dem Abdampfen von Oberflächen, sondern mit der Materialabtragung durch Ionenbeschuß beschäftigen.
Die Erosion von Festkörperoberflächen durch Ionenbeschuß wurde erstmals Mitte des vorigen Jahrhunderts als Kathodenzerstäubung in Gasentladungen von Grove 1852 /1/ und von Plücker 1858 /2/ beobachtet. Dieser Prozeß hat heute erhebliche technologische Bedeutung gewonnen, einerseits zur Materialabtragung und Mikrostrukturerzeugung, andererseits zur Herstellung dünner Schichten mit besonderen Eigenschaften durch Auffangen der herausgeschlagenen Festkörperatome auf geeigneten Substraten (Abb. 1).
Auf beide Aspekte der Anwendung möchte ich heute nicht näher eingehen, sondern vielmehr die Physik des Emissionsvorganges genauer betrachten.
Johannes Stark /3/ war der Erste, der 1908 die Ionenzerstäubung als Impulsübertragung von den einfallenden Ionen auf die Targetatome deutete. Dennoch war die gängige Interpretation des Zerstäubungsphänomens bis Mitte dieses Jahrhunderts die Annahme lokaler Verdampfung aus von den energetischen Ionen am Auftreffort erzeugten heißen Stellen, so in Veröffentlichungen von v. Hippel 1926 /4/ und von Townes 1944 /5/.

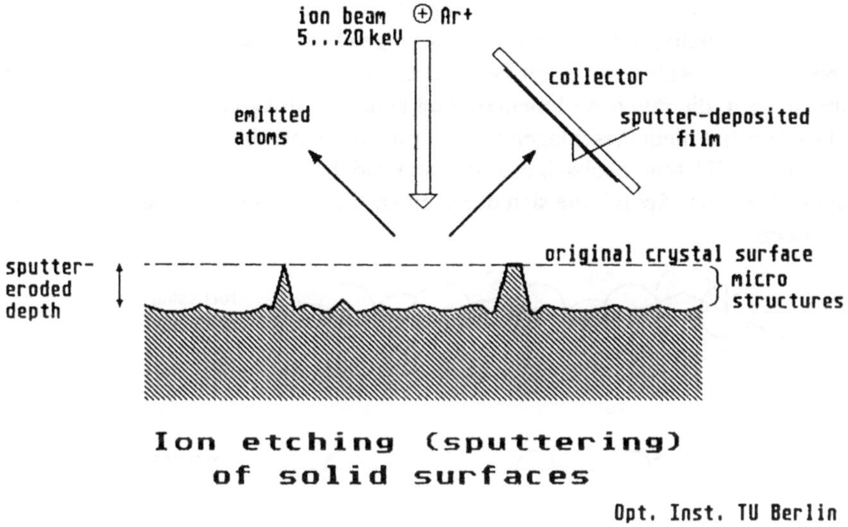

Abb. 1: Ionenätzung von Festkörperoberflächen: Entstehung von Mikrostrukturen und Sputterschichten.

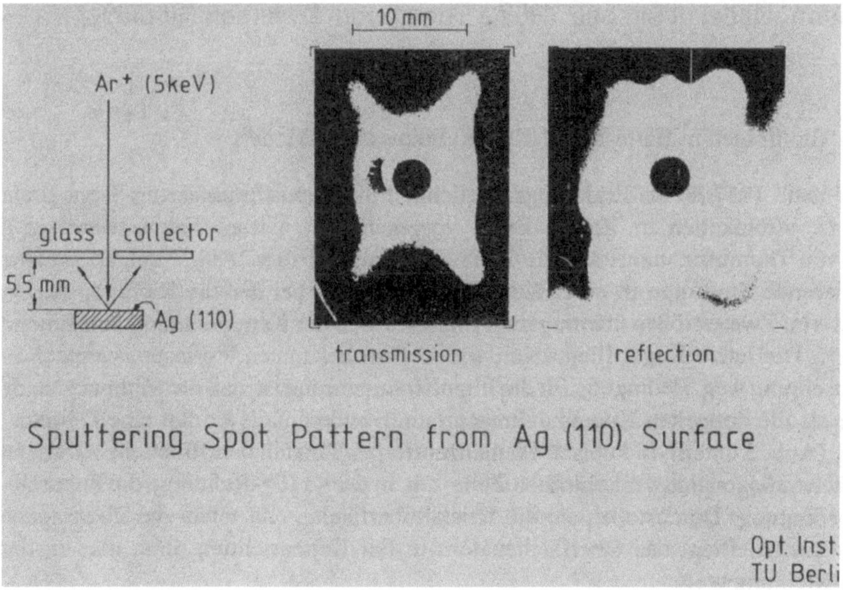

Abb. 2: Wehner-Spot-Diagramme von Ag (110)-Oberflächen (Seelentag 1972 /7/).

Diese Interpretation wurde 1955 durch Wehner /6/ widerlegt, der erstmals Maxima der Atomemission in niedrig indizierten Gitterrichtungen beim Ionenbeschuß von Einkristallen beobachtete. Abb. 2 zeigt ein Beispiel einer anisotropen Emissionsverteilung von Silberatomen, die durch Ar-Ionenbeschuß einer (110)-Ag-Oberfläche auf einem ebenen Glassubstrat niedergeschlagen und im transmittierten bzw. reflektierten Licht abgebildet wurde /7/. Man beobachtet also Vorzugsrichtungen der Atomemission, die sogenannten "Wehner-Spots", die sich durch einen Verdampfungsmechanismus nicht erklären lassen.

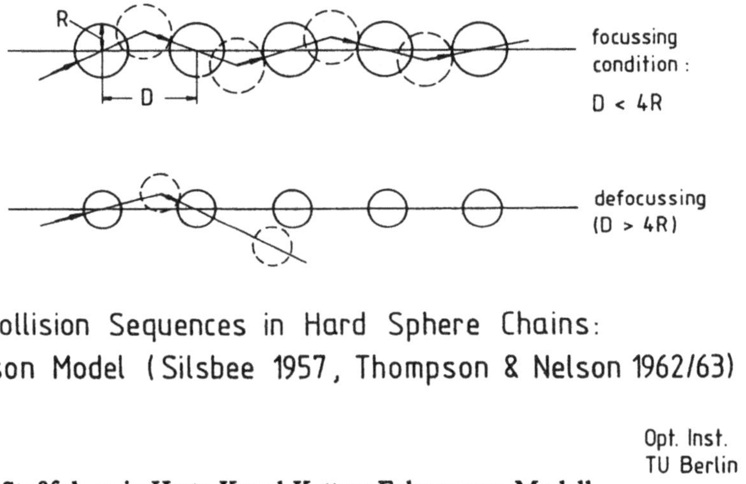

Abb. 3: Stoßfolgen in Harte-Kugel-Ketten: Fokussonen-Modell.

Silsbee hatte 1957 /8/ als Erklärungsmöglichkeit die Impulsfokussierung längs dicht gepackter Atomketten im Targetkristall vorgeschlagen. Dieses Fokussonenmodell wurde von Thompson und Nelson 1962/63 /9, 10/ aufgegriffen. Abb. 3 zeigt oben eine fokussierende Stoßfolge in einer Kette harter Kugeln, bei der die Richtung des in sukzessiven Zweierstößen übertragenen Impulses sich der Kettenrichtung zunehmend annähert. Die letzte Kugel fliegt dann wie in dem bekannten Vorlesungsversuch in Kettenrichtung weg. Bedingung für die Impulsfokussierung ist, daß die Mittenabstände kleiner als die doppelten Kugeldurchmesser sind; anderenfalls erfolgt eine Defokussierung (Abb. 3 unten). In kubisch-flächenzentrierten Kristallen erfüllen die Atome in den Flächendiagonalen der kubischen Zelle, d.h. in der <110>-Richtung, die Fokussierungsbedingung. Durchstoßen sie die Kristalloberfläche, und reicht der übertragene Impuls aus, so fliegt das Oberflächenatom in der Kettenrichtung, hier also in der <110>-Richtung weg.

Eine Vorzugsrichtung der Emission kann aber auch durch Zweierstöße in den obersten beiden Atomlagen oder durch Emission von Atomen durch die Potentialminima der Oberflächenatome hindurch erfolgen, wie Lehmann und Sigmund 1966 /11/ zeigten:

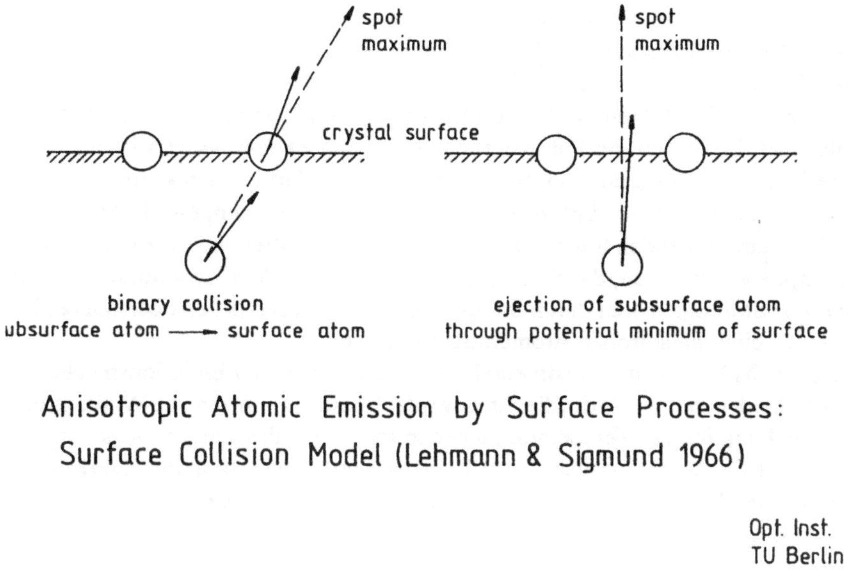

Abb. 4: Anisotrope Atomemission durch Oberflächen-Prozesse: Oberflächenmodell.

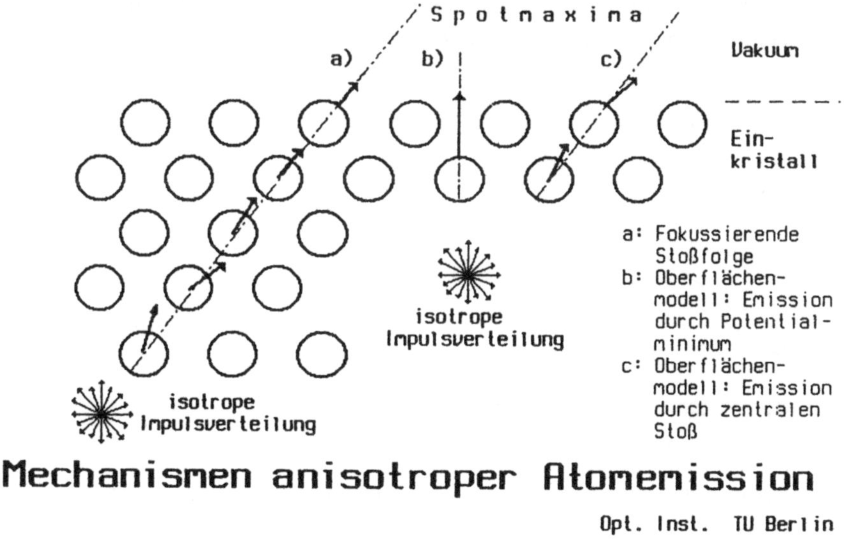

Abb. 5: Mechanismen anisotroper Atomemission nach Erzeugung isotroper Impulsverteilungen durch Ionenstoßkaskaden.

Oberflächenmodell (Abb. 4). Die Notwendigkeit eines solchen Modells ergab sich daraus, daß Wehner-Spots auch bei Ionenenergien unter 1 keV beobachtet werden, bei denen die Eindringtiefe nur von der Größenordnung der Gitterkonstanten ist, sodaß sich fokussierende Stoßfolgen nicht ausbilden können. Auch wurden Spots in Richtungen beobachtet, bei denen die Fokussierungsbedingung extrem verletzt ist und eine gerichtete Emission nur durch das Oberflächenmodell erklärt werden kann.
Die Emissionsmechanismen sind in Abb. 5 nochmals zusammengestellt: Die (nicht dargestellten) eindringenden Ionen erzeugen nach Vielfachstreuung im Kristallinnern isotrope Impulsverteilungen, die durch Impulstransport aus dem Kristallinneren über fokussierende Stoßfolgen oder durch Stoßprozesse vorwiegend in den obersten beiden Atomlagen zu einer anisotropen Atomemission führen.
Eine denkbare Möglichkeit, experimentell zwischen den beiden Emissionsmechanismen zu entscheiden, besteht darin, die Streuung der Spotemission, d.h. die Winkelbreite der Spots als Funktion der Temperatur zu bestimmen. Eine theoretische Abschätzung (Abb. 6) ergibt für das Fokussonenmodell eine stärkere Temperaturabhängigkeit der Streuung als für das Oberflächenmodell. Dies ist anschaulich verständlich, da eine fokussierende Stoßfolge durch thermische Schwingungen stärker gestört wird als ein einfacher Zweierstoß.
Zur experimentellen Untersuchung der Winkelverteilung der anisotropen Atomemission wurden die beim Beschuß mit Ar-Ionenstrahlen der Energie 5...25 keV von Einkristalloberflächen emittierten Targetatome auf gekühlten Halbkugelkollektoren niedergeschlagen (Abb. 7) /12/. Die so aufwachsenden Sputterschichten von einigen

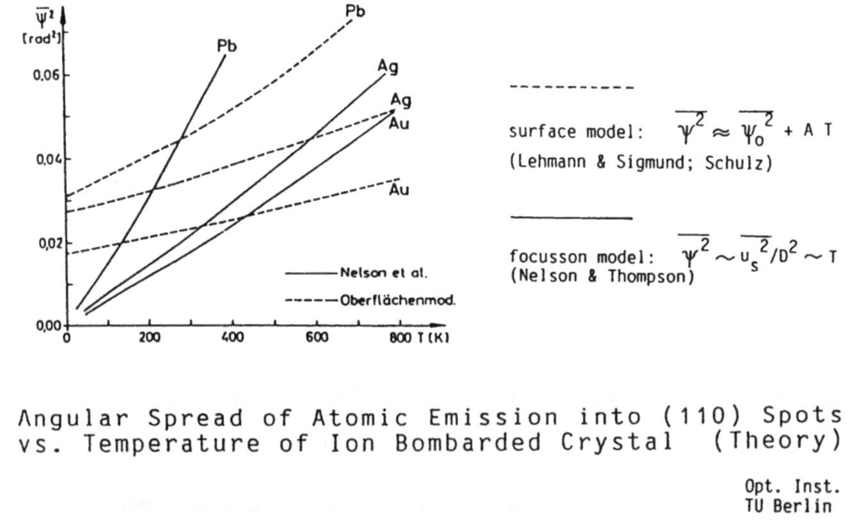

Abb. 6: Winkelstreuung der Atomemissionsspots als Funktion der Targettemperatur (Theorie).

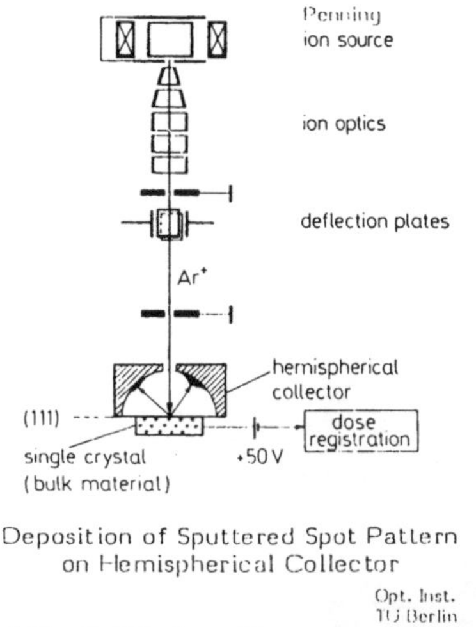

Abb. 7: Niederschlag von gesputterten Targetatomen auf Halbkugel-Kollektoren.

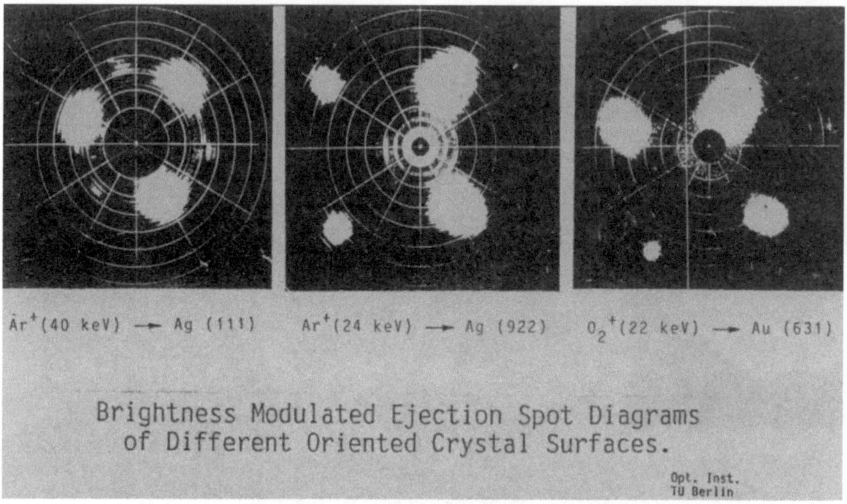

Abb. 8: Helligkeitsmodulierte Atomemissions-Spot-Diagramme von Kristalloberflächen verschiedener Orientierung (senkrechter Ionenbeschuß).

zehn bis hundert Nanometer Dicke spiegeln dann in ihrer Schichtdickenverteilung die Winkelverteilung der Atomemission wider. Sind die Ordnungszahlen von Kollektor und Sputterschicht stark verschieden, so läßt sich die Schichtdickenverteilung mit Hilfe der Elektronenrückstreuung ausmessen und z.B. digital speichern und weiterverarbeiten /13-15/.

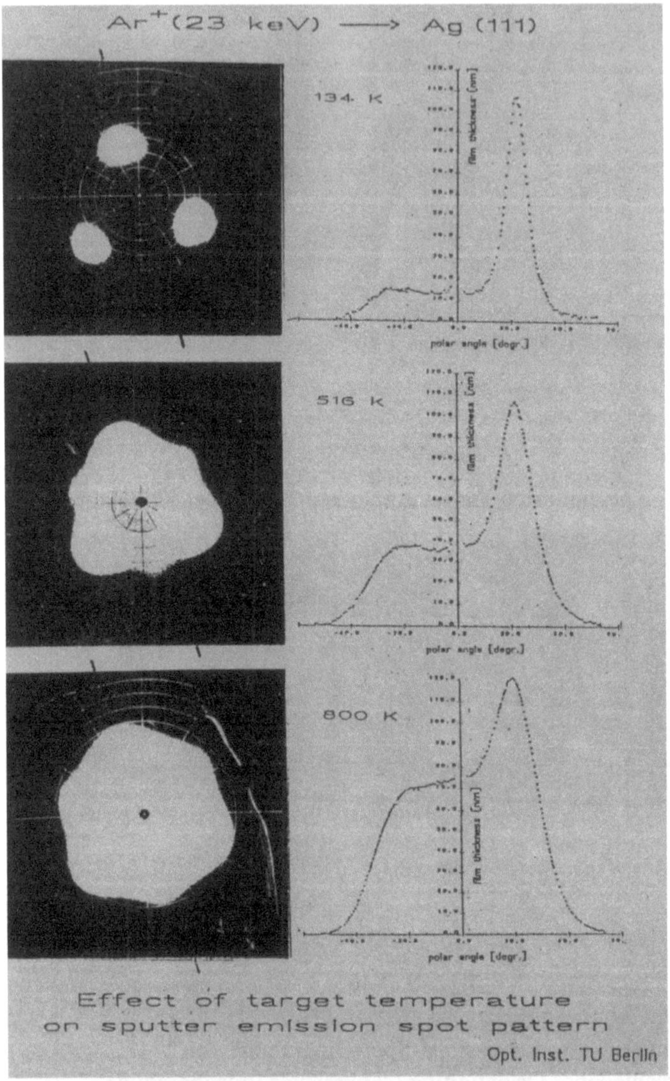

Abb. 9: Einfluß der Targettemperatur auf die Atomemissions-Spot-Diagramme.

Abb. 8 zeigt helligkeitsmodulierte Darstellungen der Spotverteilungen von verschiedenen orientierten Kristalloberflächen, jeweils bei senkrechtem Ionenbeschuß. Die Hauptspots sind in allen Fällen <110>-Richtungen, die schwachen Spots im Ag-(111)-Diagramm entsprechen den <100>-Richtungen /16/.

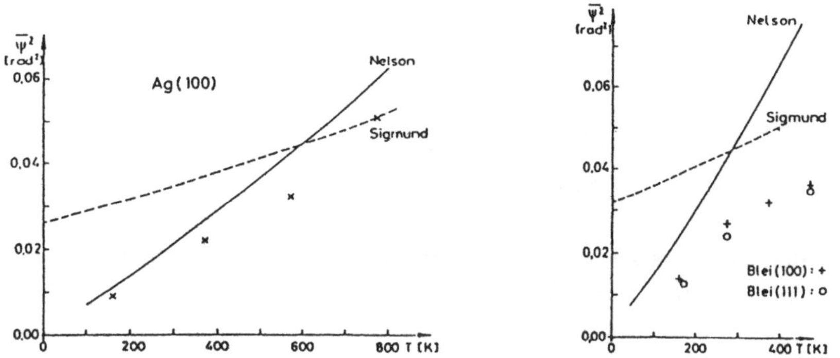

+ , ×, o Erlenwein 1977

Angular Spread of Atomic Emission into (110) Spots vs.
Temperature of Crystal Target: Comparison Experiment - Theory

Opt. Inst.
TU Berlin

Abb. 10: Mittlere quadratische Winkelstreuung der in <110>-Richtung emittierten Atome als Funktion der Targettemperatur (Vergleich Theorie-Experiment).

Abb. 9 zeigt den Einfluß der Targettemperatur auf die Ausbildung der Emissionsspots und ihre Breite, die mit steigender Temperatur stark zunimmt. Außerdem steigt der isotrope Untergrund mit der Temperatur stark an /17/. Die Auswertung solcher Aufnahmen zeigt Abb. 10 (Erlenwein 1977 /18, 19/). Während bei Silber die beobachtete Temperaturabhängigkeit der Streuung stärker auf das Fokussonenmodell nach Nelson hinweist, scheint bei Blei zumindest bei höheren Temperaturen auch das Oberflächenmodell nach Sigmund eine wesentliche Rolle zu spielen /18-20/.

Ein anderer Aspekt der anisotropen Atomemission ist die Frage, ob die Einschußrichtung der Ionen einen merklichen Einfluß auf die Richtungsverteilung der emittierten Atome hat. Man könnte z.B. vermuten, daß bei schrägem Einschuß auf die Targetoberfläche eine bevorzugte Emission in ungefährer Reflexionsrichtung auftritt. Um diese Frage zu untersuchen, wurden Spot Patterns von Au-(111)-Oberflächen bei schiefem Beschuß mit 23 keV Ar-Ionen aufgenommen, und zwar mit zunehmendem Winkel ϑ zwischen Targetnormale und Einschußrichtung in Winkelabständen von 5°-10°, wobei die Ionendosis je Registrierung konstant gehalten wurde /21, 22/.

Die vollständige, zweidimensionale Winkelverteilung der Atomemission zeigt Abb. 11 in einer Y-Modulationsdarstellung, zunächst für senkrechten Ionenbeschuß (0°). Die Höhe der drei <110>-Spots ist ungefähr gleich und entspricht einer differentiellen Emissionsrate von etwa 20 Atomen pro Ion und Steradiant (kein Untergrundabzug).

Abb. 11: Y-Modulationsdarstellung der Atomemission von (111)-Au-Oberflächen bei senkrechtem Beschuß mit 23 keV-Ar-Ionen ($\vartheta = 0°$) nach Sternberg et al. /21, 22/.

Abb. 12a

Abb. 12b

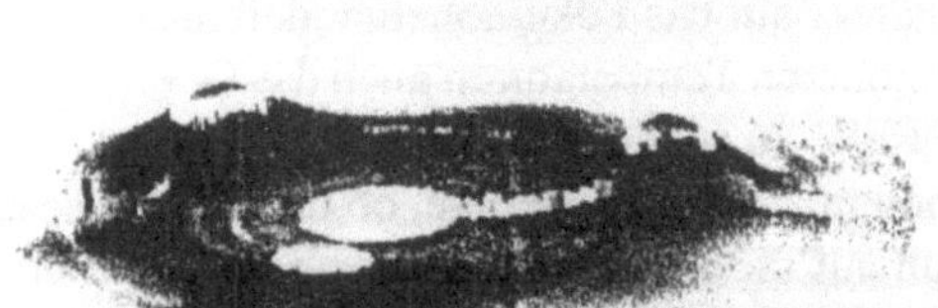

Abb. 12c

Abb. 12d

Abb. 12e

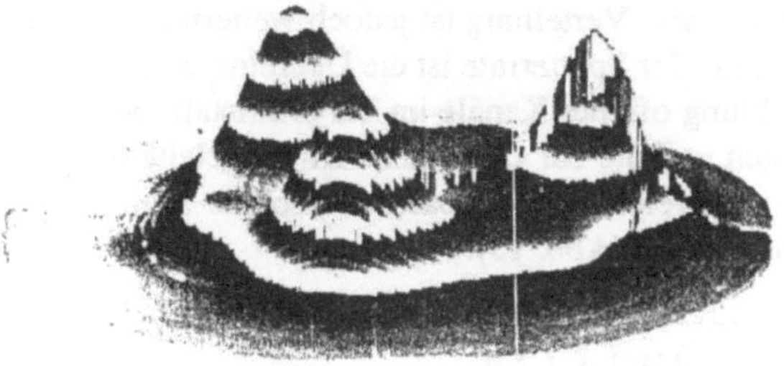

Abb. 12f

Abb. 12g

Abb. 12h

Abb. 12a-h: Y-Modulationsdarstellung der Atomemission von (111)-Au-Oberflächen bei schrägem Beschuß /21, 22/:
a: $\vartheta = 15°$; b: $\vartheta = 20°$; c: $\vartheta = 35°$; d: $\vartheta = 45°$; e: $\vartheta = 52°$; f: $\vartheta = 60°$;
g: $\vartheta = 68°$; h: $\vartheta = 75°$.

Bei 15° schiefem Einschuß von rechts bleibt die Spot-Verteilung symmetrisch, die Sputterrate steigt jedoch an (Abb. 12a). Dies ist zu verstehen aus der Tatsache, daß der Weg der eindringenden Ionen entsprechend ihrer Eindringtiefe dichter an der Targetoberfläche verläuft als bei senkrechtem Einschuß, womit die Sputterausbeute ansteigt. Diese Tendenz setzt sich, wie erwartet, fort (Abb. 12b). Bei 20° ist die Emissionsverteilung unverändert symmetrisch. Eine Vorzugsrichtung, bedingt durch den schiefen Einschuß, ist im Rahmen der Meßgenauigkeit nicht zu erkennen.
Bei noch stärker geneigtem Einschuß nimmt die Sputterrate sehr stark ab (Abb. 12c) und erreicht bei etwa 32° ein Minimum. Die Verteilung ist jedoch weiterhin symmetrisch. Ursache für diese starke Abnahme der Sputterrate ist die Übereinstimmung der Ionen-Einschußrichtung mit der Richtung offener Kanäle im Targetkristall, wodurch die Ar-Ionen besonders tief eindringen und die zur Oberfläche zurückgeleitete Stoßenergie kaum mehr zur Atomemission ausreicht. Wir beobachten also hier Minima der Emissionsrate durch Channeling-Phänomene (Abb. 13).

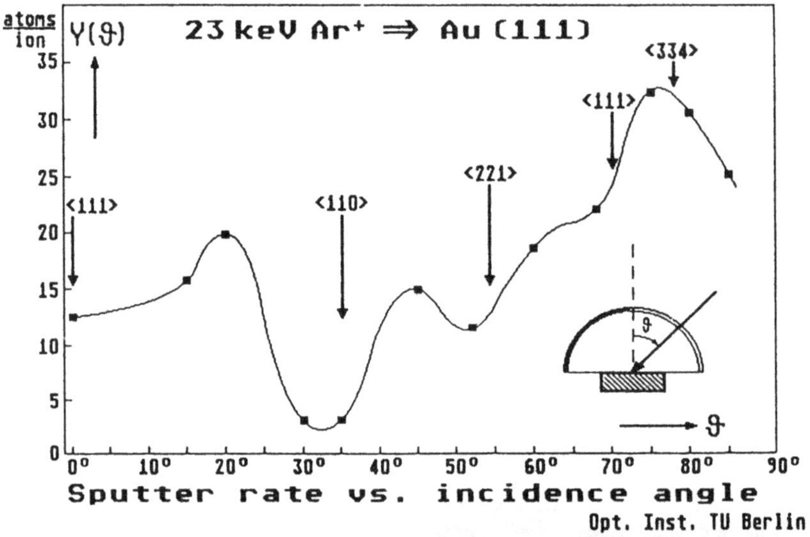

Abb. 13: Sputterrate von (111)-Au-Oberflächen bei Beschuß mit 23 keV-Ar-Ionen als Funktion des Beschußwinkels ϑ 21, 22/.

Bei weiterer Erhöhung des Einschußwinkels auf 45° steigt die Sputterausbeute wieder an bei weiterhin symmetrischer Emissionsverteilung (Abb. 12d). Ein weiteres, schwächeres Sputter-Minimum läßt sich bei der <221>-Richtung infolge von Channeling beobachten (Abb. 12e und 13). Bei weiter zunehmender Neigung des einfallenden Ionenstrahls steigen die Sputterraten wieder an (Abb. 12f-h). Selbst bei der starken Neigung von 75°, d.h. 15° zur Oberflächenebene, ist keine eindeutige Asymmetrie in

der Vorzugsrichtung der Atomemission festzustellen. Eine von Chadderton et al. 1972 /23/ bei 80 keV Ionenenergie beobachtete Zunahme der Spotmaxima in Vorwärtsrichtung tritt bei den hier gewählten Bedingungen nicht auf. Hier ist offensichtlich der Anteil der durch Einfachstöße zerstäubten Targetatome, die die Ausbeute in Reflexionsrichtung begünstigen würden, gering gegenüber dem Anteil, der durch statistische Stoßkaskaden der Ionen mit nachfolgenden Impulsübertragungsmechanismen gemäß Fokussonen- oder Oberflächenmodell emittiert wird. Diese indirekten Emissionsmechanismen erzeugen jedoch keine Asymmetrie bezüglich der Targetnormalen.
Eine direkte Impulsübertragung vom einfallenden Ionenstrahl auf gesputterte Atome findet also im untersuchten Energiebereich kaum statt, und als Hauptmechnismen der Atomemission müssen fokussierende Stöße aus dem Kristallinneren und die Mechanismen des Oberflächenmodells angesehen werden.

Literatur

/1/ Grove, W.R. (1852): Trans. Roy. Soc. (London) 142, 87.
/2/ Plücker, J. (1858): Pogg. Ann. 103, 90.
/3/ Stark, J. (1908): Elektrochem. 14, 752.
/4/ Hippel, A.v. (1926): Ann. Phys. 81, 1043.
/5/ Townes, Ch.H. (1944): Phys. Rev. 65, 319.
/6/ Wehner, G.K. (1955): J. Appl. Phys. 26, 1056.
- (1956): Phys. Rev. 102, 690.
/7/ Seelentag, W. (1972): Diplomarbeit I. Phys. Inst. TU Berlin.
/8/ Silsbee, R.H. (1957): J. Appl. Phys. 28, 1246.
/9/ Nelson, R.S., Thompson, M. W. (1962): Phys. Lett. 2, 124.
/10/ Thompson, M.W. (1963): The Interaction of Radiation with Solids (Amelincks, North Holland).
/11/ Lehmann, Chr., Sigmund, P. (1966): phys. stat. sol. 16, 507.
/12/ Linders, J., Niedrig, H., Sternberg, M. (1983): Beitr. elektronenmikroskop. Direktabb. Oberfl. (BEDO) 16, 125.
- (1984): Nucl. Instr. & Meth. in Phys. Res. B 2, 649.
/13/ Erlenwein, P., Hohn, F.J., Niedrig, H. (1977): Optik 49, 357.
/14/ Niedrig, H. (1977): Opt. Acta 24, 679.
- (1982): J. Appl. Phys. 53(4), R 15.
- (1986): Proc. XI. Int. Congr. Electron Microscopy, Kyoto, 605.
- (1986): Proc. Int. Symp. Electron Optics, Beijing, 181.
/15/ Erdmann, M., Hylla, W., Niedrig, H. (1985): Scanning 7, 178.
/16/ Erdmann, M., Linders, J., Niedrig, H., Sternberg, M. (1986): Proc. XI. Int. Congr. Electron Microscopy, Kyoto, 615.

/17/ Linders, J. (1988), Dissertation TU Berlin, D 83.
/18/ Erlenwein, H.P. (1977): Dissertation TU Berlin, D 83.
/19/ Erlenwein, P., Niedrig, H. (1977/80): Proc. VII. Conf. Atomic Collisions in Solids, Moscow 1977, Vol. II, 65 (Moscow State Univ. Publ. House 1980).
/20/ Linders, J., Niedrig, H., Sternberg, M., Erdmann, M. (1987): Scanning Microscopy Supplement 1, 23.
/21/ Sternberg, M. (1989): Dissertation TU Berlin, D 83.
/22/ Sternberg, M., Guerlin, Th., Niedrig, H. (1989): Beitr. elektronenmikroskop. Direktabb. Oberfl. (BEDO) 22, 289.
/23/ Chadderton, L.T., Johansen, A., Sarholt-Kristensen, L., Steenstrup, S., Wohlenberg, T. (1972): Rad. Eff. 13, 75.

Christian Kleint

Adsorption an reinen Oberflächen

1. Einleitung

Trotz des weitgespannten Themas und der erforderlichen Beschränkung möchte ich diesen Beitrag zum Festkolloquium für Heinz Bethge mit einigen persönlichen Bemerkungen beginnen. Ende April 1969 fand die Internationale Dünnschichtkonferenz in Boston, Mass., statt und Professor Bethge hatte wohl mit einiger Hintergrunddiplomatie erreicht, daß ich schließlich mit ihm über Prag dort hinfliegen konnte. Auf dem Kongreß sprach er über "Nucleation and Surface Conditions", wobei er schon manche schöne Ergebnisse seines Akademieinstitutes in Halle (kurz IFE) vorstellen konnte /1/. Bereits damals sehr bekannt - er gehörte zu den 'National Representatives' der Konferenz - verhalf er mir anschließend zu kurzen Laborbesuchen. Abb. 1 zeigt ihn in

Abb. 1: Die Professoren H. Bethge und L. H. Germer im Gespräche auf dem Universitätscampus in Ithaka, USA. (Aufgenommen im Mai 1969 durch Ch. K.)

Ithaka im Gespräch mit Lester H. Germer, der für seine bahnbrechende Entdeckung der Elektronenbeugung zusammen mit Davisson den Nobelpreis erhalten hatte. Sicherlich ist auch das Gespräch mit H. E. Farnsworth in Providence, der mir seine LEED-Variante vorführte, nicht ohne Einfluß auf unseren späteren LEED-Eigenbau gewesen. Ich möchte diese USA-Reise als Beispiel für die Förderung erwähnen, die H. Bethge auch über seine Institutsgrenzen hinaus Jüngeren zuteil werden ließ und die vielen seiner Mitarbeiter Impulse und Ermutigung vermittelten.
Die Beugung langsamer Elektronen spielte damals die wichtigste Rolle bei der Präparation reiner Oberflächen und der Bestimmung von Adsorbat- und Oberflächenstrukturen, später sind weitere Verfahren hinzugekommen wie die Rastertunnelmikroskopie. Nach einer schwierigen Entwicklung kann heute die Elektronenbeugung auch in einem UHV-Reflexionselektronenmikroskop wahlweise benutzt werden, womit z.B. die Phasenumwandlung der Si(111)-Fläche zwischen (7x7)- und (1x1)-Struktur abgebildet und nachgewiesen werden konnte (vergl. Fig. 4 in Ref. /2/). H. Bethge hat bekanntlich der Oberflächenabbildung im Ultrahochvakuum mit der Entwicklung seines Photoelektronenmikroskops besondere Aufmerksamkeit geschenkt.
In dem weitgefächerten Spektrum von Oberflächenuntersuchungen haben wir uns in Leipzig vornehmlich Halbleitern zugewandt, wenn nicht aus methodischen Gründen zunächst Metalle erforderlich waren. Im folgenden sollen einige Beispiele aus beiden Gebieten besprochen werden, wobei naturgemäß stets unter Ultrahochvakuumbedingungen /3/ experimentiert wurde.

2. Adsorption an Silizium

Unsere Wahl fiel vor allem auf Silizium als Elementhalbleiter - einmal um im Sinne eines physikalischen Herangehens möglichst übersichtliche, vielleicht auch berechenbare Verhältnisse zu nutzen, zum anderen wegen der zunehmenden Bedeutung für die Elektronik und schließlich Mikroelektronik. Gerade die Miniaturisierung wirft viele Ober- und Grenzflächenprobleme auf, doch die Adsorptionsvorgänge erschienen auch wissenschaftlich attraktiv, weil sie für die mehr volumenorientierte Technologie zunächst etwas am Rande bleiben mußten.
Wir haben mit der Wasserstoffadsorption als einfachstem System begonnen und die bis dahin (außer von J. T. Law) nur an Metalldrähten benutzte flash-filament-Technik als Desorptionsspektrometrie an Halbleitereinkristallproben realisiert /4/. Nach einer in-situ-Säuberung mittels Stromdurchgang wird also der Kristall einer Exposition von atomarem Wasserstoff ausgesetzt, der durch Dissoziation an einem glühenden W-Draht erzeugt wird. Das ist zwar wegen möglicher unerwünschter Reaktionen vom Standpunkt der UHV-Physik etwas riskant /3/, doch ergaben sich bei nicht zu großem Bedeckungsgrad relativ einfache Desorptionsspektren (Abb. 2), wenn die Probentemperatur nach einem Programm erhöht und der Partialdruck gemessen wird. Sie konnten mit einer Reaktion 2. Ordnung gedeutet werden, also durch molekulare Desorption nach dem Zusammentreffen zweier H-Adatome mittels Diffusion (collision model).

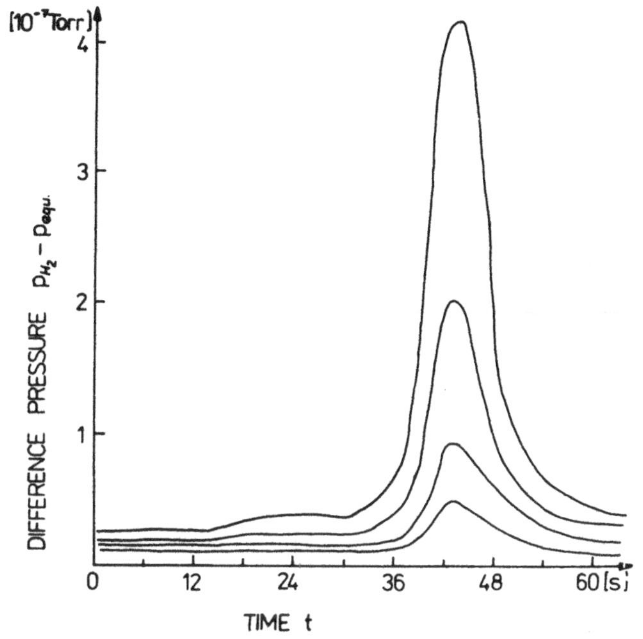

Abb. 2: Desorptionsspektren von (molekularem) Wasserstoff, der an der Silizium-(111)-Fläche in atomarer Form adsorbiert worden war.

Die sich aus der Desorptionsenergie ergebende Bindungsenergie von etwa 3,2 eV entspricht recht gut der Si-H-Bindung in Silan (SiH_4) /5, 6/. Dieser Wert konnte dann auch für polykristalline Si-Schichten /7/ wie für Si(111)-Spaltflächen /8/ bestätigt werden, ein weiterer Hinweis auf die kovalente Si-H-Bindung. Auch die Anzahl der auf verschiedenen Si-Flächen zu erwartenden Adsorptionsplätze konnte mit der Desorptionsmenge nachgewiesen werden: Auf der Si(100)-Fläche können etwa doppelt so viele H-Atome gebunden werden (2 dangling bonds pro Oberflächenatom) wie auf den (110)- und (111)-Flächen /9/.

Die Desorptionsdaten lassen sich auch hinsichtlich der Haftwahrscheinlichkeit auswerten (Abb. 3). Die Anfangsplateaus werden durch eine große Oberflächenbeweglichkeit hervorgerufen, während ein Abfall mit der Bedeckung einem weniger beweglichen Zustand entspricht, offenbar dem Vorgang der Aufhebung der Rekonstruktion durch die H-Adsorption /10/. Dabei wird die für eine ideale Fläche zu erwartende Hybridisierung wiederhergestellt /11/. Das zweite Plateau für die Si(100)-Fläche zeigt die heute als Dihydrid-Bildung bekannte Adsorption von 2 H-Atomen an einem Si-Oberflächenatom an. Der unschwer erkennbare breitere S-förmige Teil für die Si(111)-Fläche (verglichen mit (110) und (100)) dürfte mit der Oberflächenstruktur zusammenhängen: schon seit den LEED-Untersuchungen von Farnsworth ist die (7x7)-Überstruktur

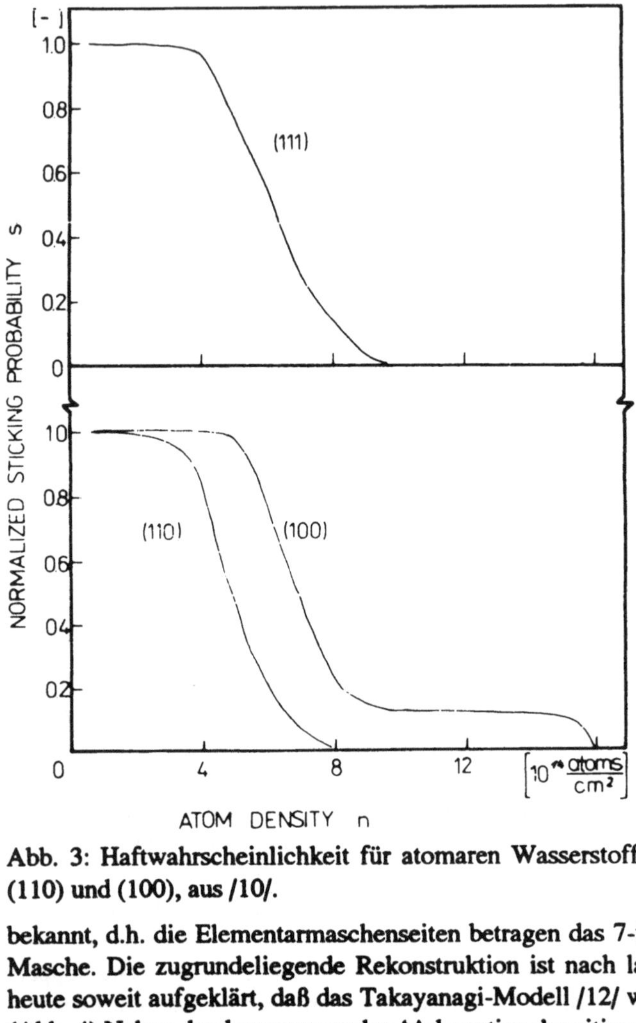

Abb. 3: Haftwahrscheinlichkeit für atomaren Wasserstoff an den Si-Flächen (111), (110) und (100), aus /10/.

bekannt, d.h. die Elementarmaschenseiten betragen das 7-fache der idealen Si(111)-Masche. Die zugrundeliegende Rekonstruktion ist nach langwierigen Bemühungen heute soweit aufgeklärt, daß das Takayanagi-Modell /12/ weitgehend anerkannt wird (Abb. 4).Neben den herausragenden 'Adsorptions'positionen (alle Symbole bedeuten Si-Atome) sind auch ausgesprochene Löcher oder Tröge vorhanden. Es ist daher nicht verwunderlich, daß schon die Desorptionspeaks der simplen H-Adsorption bei höheren Bedeckungsgraden nicht mehr die einfache Gestalt der Abb. 2 besitzen /5, 8/, auch konnte eine gewisse Abhängigkeit der Desorptionsenergie von der Anfangsbedeckung beobachtet werden (vergl. /6/), die gleichartigen Si-H-Bindungen widerspricht. Auf Details und neuere Arbeiten (vergl. /13/), die die Kompliziertheit selbst dieses scheinbar elementaren Adsorptionssystems zeigen, soll hier nicht eingegangen werden. Auch auf Untersuchungen der Si-H-Adsorption mit der Reflexionselektronenenergieverlust-Spektroskopie (REELS oder ELS) kann hier nur hingewiesen werden /14, 15, 6/. In diesem Zusammenhang sollte auch die Elektronenenergieverlust-Schwingungsspeka

b

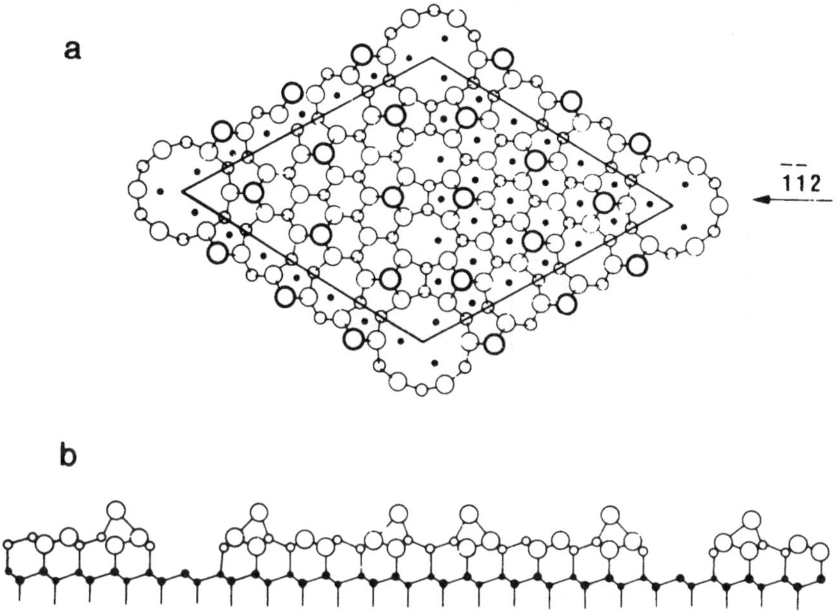

Abb. 4: Die (7x7)-Elementarmasche (ausgezogene Linien) der rekonstruierten Si(111)-Oberfläche entsprechend dem Modell von K. Takayanagi (Surface Sci. 164/1985/367). Die 9 Dimere der Masche sind auf den Seiten und der Mittelachse sichtbar, die 12 Si-'Adatome' ragen am weitesten heraus, linker und rechter Teil unterscheiden sich durch einen Stapelfehler (DAS-Modell), aus /12/.

troskopie /16/ erwähnt werden, die infolge ihrer höheren Auflösung (HREELS) auch sehr viele Aufschlüsse über die Wasserstoffadsorption an Silizium lieferte (vergl. z.B. Fig. 1 in Ref. /17/).
Hier soll auf ein anderes Problem eingegangen werden, das sich bei der Erprobung des Bethgeschen Photoelektronenmikroskops ergab /18/: Es wurde nämlich bei Methanadsorption an Silizium ein dotierungsabhängiger Kontrast beobachtet, für dessen Deutung genauere Anhaltspunkte fehlten. Daher wurden ELS-Untersuchungen durchgeführt /19/, die zunächst die CH_4-Adsorption an der Si(111)-Fläche auch bei Zimmertemperatur eindeutig zeigen, z.B. in der Abnahme der Core-Übergänge mit steigender Exposition nach einer Elovich-Beziehung für aktivierte Chemisorption bzw. der Verringerung der Si-Augeramplitude (Abb. 4, 6 und 8 bzw. 3 in Ref. /19/). Aber auch in den Valenzband-Verlustspektren ergeben sich Änderungen (Abb. 5), die Volumenübergänge E_1 und E_2 nehmen ab, die Oberflächenpeaks S_2 und S_3 sowie das Oberflächenplasmon $\hbar\omega_s$ verschwinden. Dafür treten Übergänge bei 6,2 und 7,2 eV in Erscheinung, wobei ersterer als "Kohlenstoff auf Silizium"-Verlust bekannt ist, wäh-

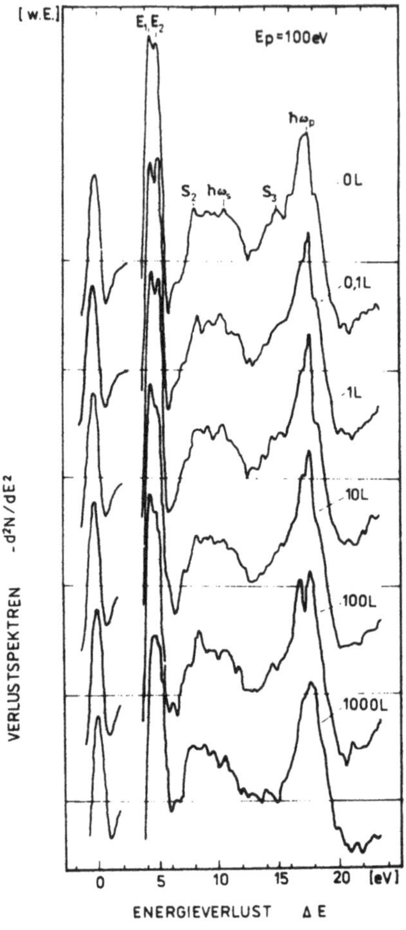

Abb. 5: Elektronenenergieverlustspektren der CH_4-Adsorption auf der Si(111)-Fläche bei zunehmender Exposition. Links Primärpeak in anderem Maßstab, aus /19/.

rend es sich bei dem letzten um adsorbiertes CH_3 oder CH_4 handeln könnte. Messungen der Austrittsarbeit aus der Verschiebung der Anlaufstromkurve zeigten übrigens eine Abnahme bis zu etwa 0,45 eV bei einer Exposition von 1000 Langmuir /20/. Damit läßt sich der genannte Effekt sehr wahrscheinlich durch unterschiedliche, mit der Dotierungskonzentration in Zusammenhang stehende Bandverbiegungen erklären /18/. Noch komplizierter als die CH_4-Adsorption erweist sich übrigens die Methanol-Chemisorption auf Silizium, die schon eine größere Praxisrelevanz hat. Hierbei tritt eine Dissoziation in die Methoxygruppe und Wasserstoff auf /21/. Die Desorptionsspektren von normalen und deuterierten Methanolbelegungen zeigen zwar den oben besprochenen H_2- bzw. HD- oder D_2-peak /13/, doch folgen Peaktemperatur und Isotopenverhalten nicht den Ergebnissen bei reiner H- bzw. H- und D-Adsorption. Auch hier muß

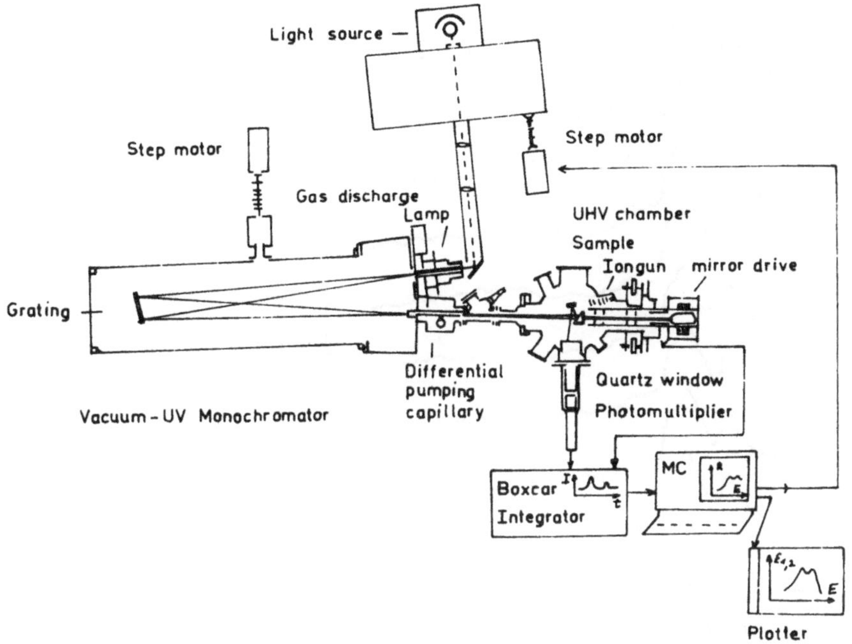

Abb. 6: UHV-Spektrometer zur Bestimmung des Reflexionsvermögens im IR- bis Vakuum-UV-Bereich, nach /27/.

auf eine ausführlichere Darstellung von Desorptions- und ELS-Ergebnissen auf die Literatur verwiesen werden /22, 23/.
Die Elektronenenergieverlust-Spektroskopie läßt sich mittels der verwendeten Primärenergie der einfallenden Elektronen sowohl besonders oberflächenempfindlich (für Silizium $E_p \leq 100$ eV) wie auch vorwiegend volumenempfindlich ($E_p \geq 400$ eV) einstellen. Im letzten Falle kann sie zur Charakterisierung von Zustandsdichteeigenschaften herangezogen werden und somit wichtige experimentelle Ergebnisse für den Vergleich mit Bandstrukturrechnungen liefern. Wir haben uns dies zur Untersuchung von Einkristallen des Solarenergiematerials $CuInSe_2$ /24/ sowie des bekannten (hier polykristallinen) Hochtemperatursupraleiters $YBa_2Cu_3O_{7-y}$ /25/ zunutze gemacht. Die Deutung der Spektren kann dann über ein 'Zustandsdichtemodell' oder mit Hilfe der Dielektrischen Funktion ε (E) erfolgen (vergl. /6/). Die gemessene Verlustfunktion W(E) wird nämlich im wesentlichen durch den Imaginärteil der negativen reziproken Dielektrischen Funktion gegeben, $W(E) = \mathrm{Im}(-1/\varepsilon(E))$, $\varepsilon = \varepsilon_1 + i\varepsilon_2$. Da die Mehrfachstreuung eine Deconvolution der Verlustspektren zumindest sehr erschwert /26/, erschien es zweckmäßig, nach einer komplementären Methode für ε (E) zu suchen, um einen Vergleich mit den Verlustmessungen zu ermöglichen. Hier erweist sich die optische Reflexion als sehr geeignet, da die Schwierigkeiten der Absorption dickerer

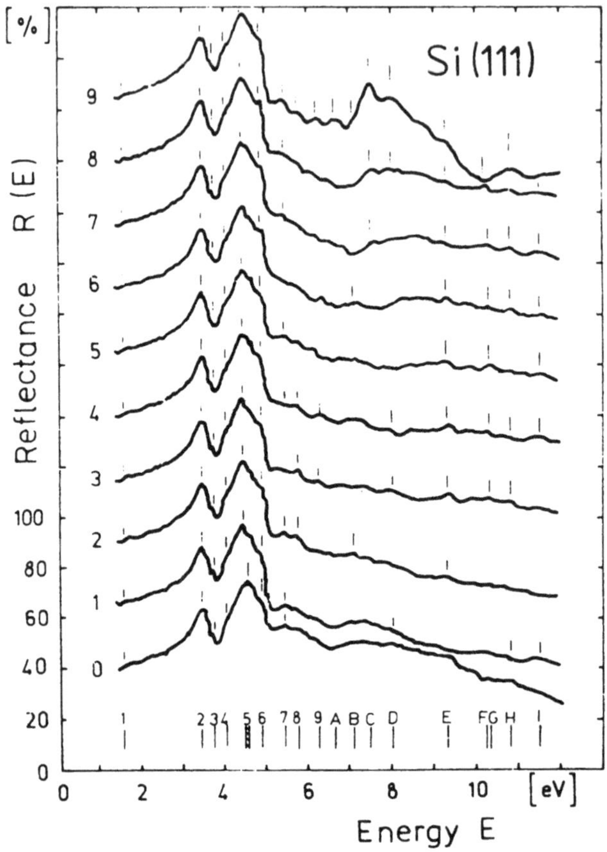

Abb. 7: Reflexionsspektren einer Si(111)-Fläche. 0: ohne UHV-Präparation, 1-5: mit wechselndem Ar-Ionen-Bombardement bzw. zunehmender Temperatur. Fußleiste: 1-9 und A-I sind charakteristische Übergänge; aus /29/.

Proben vermieden werden. Aus dem Reflexionsvermögen in einem hinreichend großen Energiebereich läßt sich mittels Kramers-Kronig-Analyse die Phase bestimmen, woraus dann n und k sowie ε_1 und ε_2 berechnet werden können.

Es wurde daher /27/ ein Reflexionsspektrometer aufgebaut (Abb. 6), das den heutigen Anforderungen weitgehend entspricht: ein großer Wellenlängenbereich vom Infrarot bis zum Vakuumultraviolett, ein UHV-Rezipient für Probe und Drehspiegel mit UHV-Probenpräparation sowie eine rechnergesteuerte Meßwerterfassung und Auswertung /28/. Die Einbeziehung des Vakuum-UV-Bereichs machte einen fensterlosen Aufbau erforderlich, der mittels einer differentiell gepumpten Kapillare verwirklicht wird. Einige Messungen an Silizium brachten bereits Reflexionsspektren (Abb. 7), die den Einfluß der Oberflächenpräparation erkennen lassen und viele bisher nicht be-

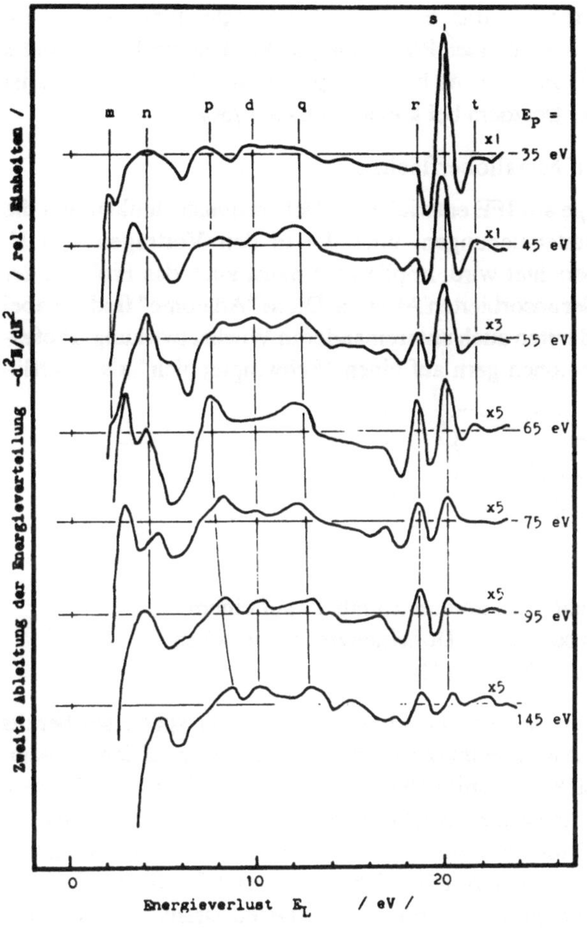

Abb. 8: Verlustspektren für adsorbiertes Kalium auf der W(110)-Fläche mit steigender Primärenergie E_P, aus /30/.

schriebene kleine Reflexionspeaks aufweisen /29/, die mit ELS- und Bandstrukturdetails verglichen werden können. Außerdem zeigte sich, daß die Spektren besonders oberflächenempfindlich im Vakuum-UV-Bereich sind, wie der Einfluß des mit zunehmender Probentemperatur angebotenen Sauerstoffs in den Spektren 6-9 (Abb. 7) demonstriert.

Während eine weitere Ausdehnung des dort verwendeten Spektralbereichs nur mit Synchrotronstrahlung sinnvoll ist, sind höhere (Verlust-)Energien bei Elektronenstreuung ohne weiteres bestimmbar, z.B. in der Ionisations- oder Rumpfniveau-Spektroskopie. Sie läßt sich in der bei uns verwendeten Reflexions-ELS ebenso anwenden (vergl. z.B. /19/) wie in der am IFE eingesetzten Transmissions-ELS bei höheren Energien. Abb. 8 zeigt noch ein Beispiel für die niederenergetischen Verluste des auf einer

Wolframfläche (110) adsorbierten Kaliums. Es demonstriert zugleich die Aufhebung optischer Auswahlregeln mit abnehmender Primärenergie E_p: Die Verluste r und s entsprechen den Übergängen K 3p → K 4s bzw. K 3p →K 4p. Der Übergang s ist daher optisch verboten, tritt aber trotzdem bei kleineren E_p auf /30/.

3. Dynamik von Adatomen auf Metalloberflächen

Die unter Leitung von H. Bethge am IFE entwickelten Dekorationstechniken und die eindrucksvollen Oberflächenuntersuchungen, über die in den Vorträgen von V. Schmidt und J. Heydenreich berichtet wird, implizieren meist auch das Problem der Beweglichkeit von Substrat- oder adsorbierten Atomen. Diese "Adatome" finden dabei keine starre Oberfläche vor und treten auch untereinander in Wechselwirkung. Professor Bethge hat daher in Diskussionen gern auf einen "Schwingteppich" als Oberflä-

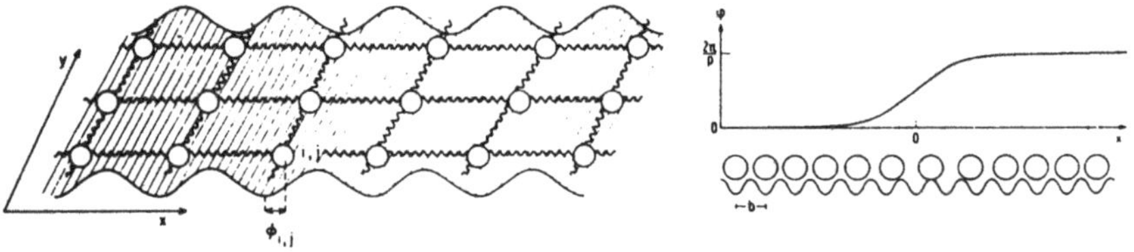

Abb. 9: Adsorbierte Monoschicht - fast kommensurabel - auf einem (eindimensionalen) Substrat (l) sowie eine Domänengrenze zwischen zwei kommensurablen Bereichen (r); nach /31/.

chenmodell verwiesen, den Abb. 9 veranschaulichen möge. (Für später sei bereits angemerkt, daß dort die Adatome in einer inkommensurablen Struktur auf dem Substrat sitzen.) Während am IFE das Elektronenmikroskop benutzt wird, haben wir in Leipzig die Oberflächenbeweglichkeit mit dem Feldelektronenmikroskop (FEM) untersucht. Nachträglich kann man die Feldemissionsexperimente mit einer langen Tradition begründen: Bereits vor knapp 250 Jahren führte Johann Heinrich Winkler in Leipzig elektrische Untersuchungen an angespitzten oder gebrochenen Drähten im Vakuum durch /32/, deren Anordnung im Prinzip dem heutigen FEM entspricht (Abb. 10). Sie verhalfen ihm wohl auch 1750 zu einer Physikprofessur, nachdem er vorher eine solche für Griechisch und Latein innehatte. Nach dem ersten Weltkrieg wurden von Lilienfeld, dem man später die ersten Feldeffekttransistorpatente verdankt, und anderen weitere Feldemissionsuntersuchungen in Leipzig durchgeführt (vergl. Ref. /33/). Abb. 11 bringt ein Beispiel /34/, das in gewisser Weise an eines der Prinzipien des heute so erfolgreich eingesetzten Rastertunnelmikroskops erinnert. Das von Erwin W. Müller nach seiner Promotion bei G. Hertz entwickelte FEM brachte schließlich die Abbildung, aber auch die Möglichkeit weiterer experimenteller Untersuchungen von und an Einkristalloberflächen unter extrem sauberen Bedingungen.
Wir haben uns besonders dem Rauschen des FE-Stromes zugewandt (vergl. Ref. /35, 36/, einmal wegen seiner Bedeutung für viele moderne Anwendungen von Feldkatho-

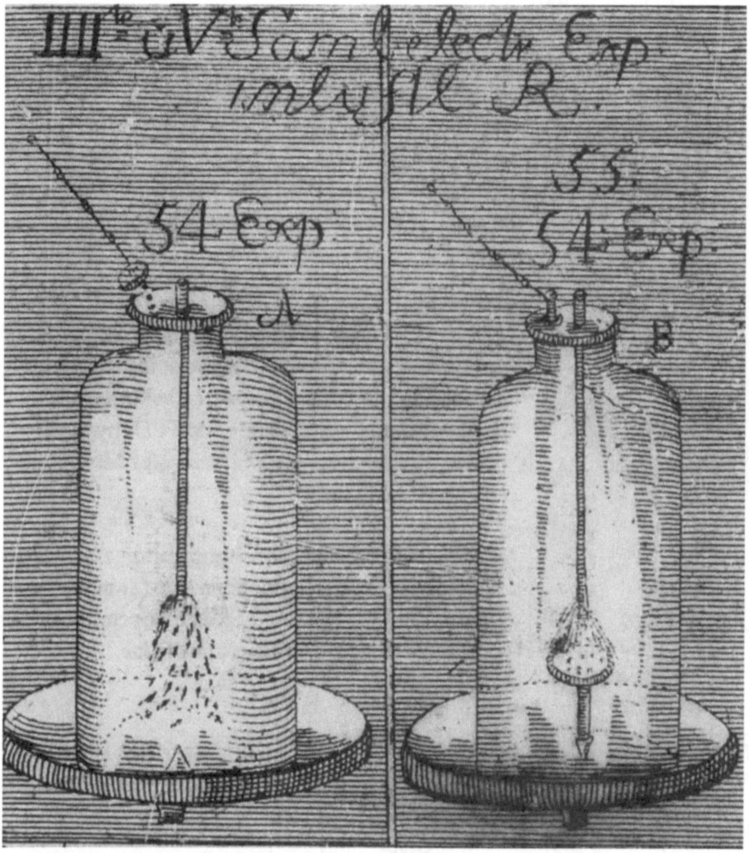

Abb. 10: Experimente Joh. Heinr. Winklers in Leipzig mit einer 'electrisierten' metallenen Spitze im luftleeren Raume, aus /32/.

den (vergl. Ref. /37/), zum anderen aber auch für die Untersuchung von Adsorbatbeweglichkeiten und ihrer Mechanismen. Hier soll nur auf einige neuere Arbeiten im Diffusionsregime eingegangen werden, während zum 60. Geburtstag von H. Bethge die sogenannten flip-flop-Vorgänge (im Vordiffusionsbereich) herausgestellt wurden /38/.

Abb. 12 zeigt eine der verschiedenen Meßanordnungen, die in der langjährigen Zusammenarbeit mit der Universität Wroclaw /39, 40/ benutzt wurden. Das Feldelektronenmikroskop ist hier mit zwei Kollektoren ausgestattet, während für viele flächenspezifische Rauschmessungen zunächst nur eine solche Sonde verwendet wurde. Das verstärkte Rauschsignal wird einem Spektrometer zugeführt, während die Gleichstromkomponente konstant gehalten wird. Rechts ist der Emitter mit verschiedenen

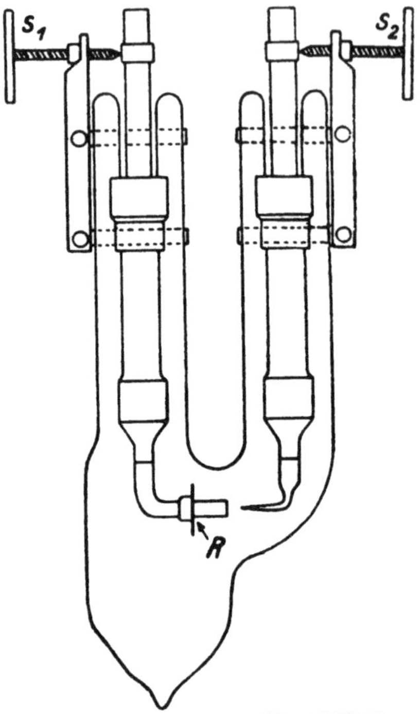

Abb. 11: Auf Anregung J. E. Lilienfelds durchgeführte Experimente zur autoelektronischen Entladung von K. Cunradi (Abstandsverkleinerung zum Nachweis der von P. Debye geforderten Elektronenatmosphären an Metalloberflächen), aus /34/.

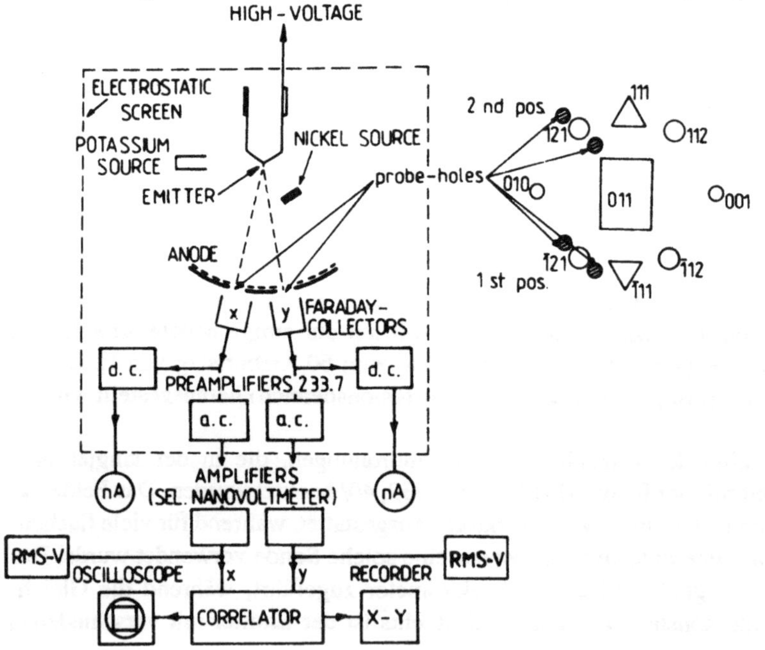

Abb. 12: Feldemissionsanordnung zur Messung des Adsorbatrauschens mit (einem oder) zwei Kollektoren sowie Skizze der Sondenpositionen auf dem Emitter, aus /41/.

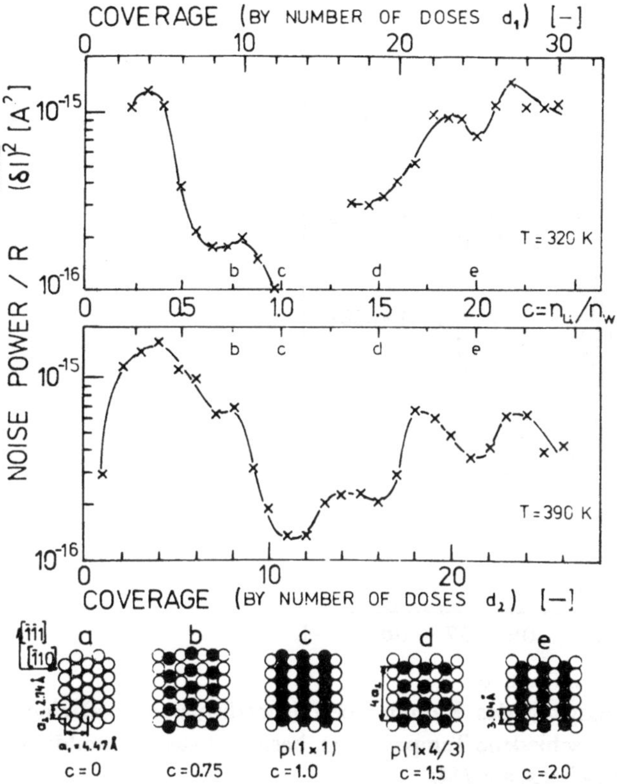

Abb. 13: Abhängigkeit der Rauschleistung von der Lithiumbedeckung bei Temperaturen von 320 und 390 K. b bzw. c-e: fast bzw. völlig kommensurable Überstrukturen, aus /43/.

Flächen dargestellt sowie die rückprojizierten Kollektorsonden, die sich magnetisch (von außen) positionieren lassen. Je nach Spektrometer kann die Spektraldichtefunktion W(f) bzw. die Rauschleistung $P = \overline{(\delta I)^2}_{\Delta f} \cdot R$ im Frequenzbereich Δ f oder die Autokorrelationsfunktion des Emissionsrauschens einer herausgegriffenen Fläche bestimmt werden (1 Kollektor) - oder die Kreuzkorrelationsfunktion für die zwei Sondengebiete X und Y. Dann ermöglicht die Richtung der Verbindungslinie der zwei Kollektoren eine winkelabhängige Messung.

Wie schon früher für Kalium auf Wolfram gefunden wurde /42/, zeigte sich für die kleineren Lithiumadatome noch ausgeprägter eine Abhängigkeit der Rauschleistung P von dem jeweiligen Adsorbatbedeckungsgrad /43/. Bei kommensurablen Supergittern ergeben sich Minima von P (Abb. 13): die Alkaliadatome, die infolge starker Coulombabstoßung eine Überstruktur bilden, sind relativ fest an das Substrat gebunden. Zwischen solchen Bedeckungsgraden ist das Rauschen meist groß, wodurch eine größere Beweglichkeit der Adpartikel oder auch ein dynamischer Zustand mit verschiedenen

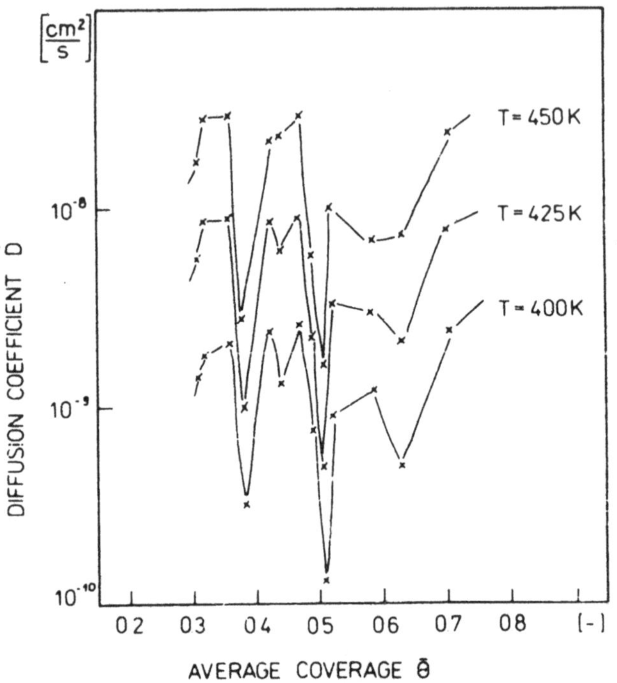

Abb. 14: Bedeckungsabhängigkeit des Kalium-Oberflächendiffusionskoeffizienten auf der W(112)-Fläche für verschiedene Temperaturen, bestimmt aus Spektraldichtefunktionen des Emissionsrauschens, aus /44/.

Supergitterstrukturen angezeigt sein kann. Die Folge ist, daß auch der Oberflächendiffusionskoeffizient D eine erhebliche Bedeckungsabhängigkeit aufweist, wie Abb. 14 für Kalium auf der W(112)-Fläche zeigt /44/. Die aus einer D-Analyse der Rauschspektren gewonnenen Koeffizienten markieren wieder kommensurable Superstrukturen durch entsprechende Minima.

Die hier erwähnte Möglichkeit zur Bestimmung von Oberflächendiffusionskoeffizienten - sie spielen in nicht wenigen Arbeiten der Bethgeschen Schule eine wichtige Rolle oder sind selbst Untersuchungsgegenstand - geht zurück auf ein von Timm und Van der Ziel /45/ eingeführtes und von Gomer /46/ sowie Gesley und Swanson /47/ analytisch behandeltes Modell von Adsorbatkonzentrationsfluktuationen. Durch Messung der Autokorrelationsfunktion /48/ oder der Spektraldichtefunktion /49, 50/ lassen sich mit den in Ref. /46/ bzw. /47/ gegebenen Beziehungen die Koeffizienten D durch Kurvenfittung erhalten. Eine auf dem gleichen Modell beruhende Erweiterung /50-52/ stellt die Bestimmung aus der Kreuzkorrelationsfunktion dar /50/. Damit kann gleichzeitig die Winkelauflösung bezüglich der Richtungsabhängigkeit des Oberflächendiffusionskoeffizienten (D-Tensor) erheblich verbessert werden (/53/; vergl. auch /54/).

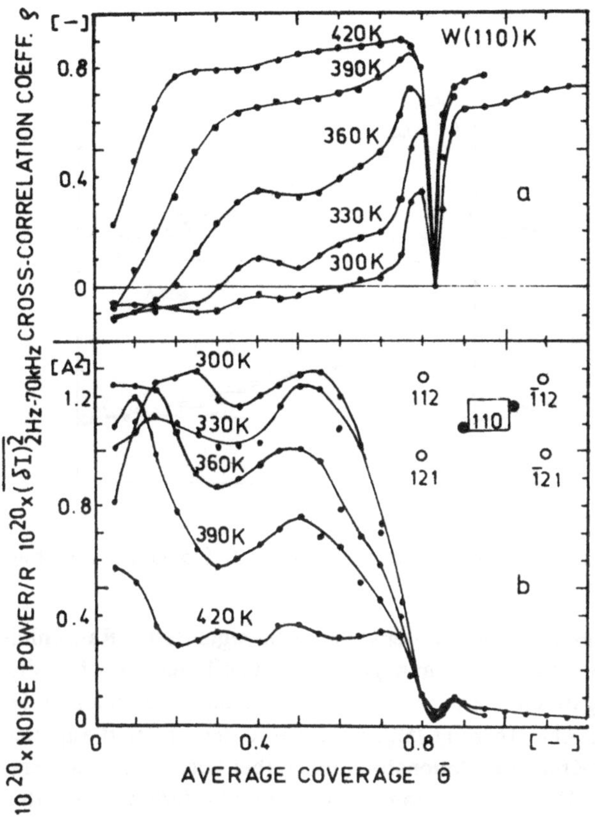

Abb. 15: Kreuzkorrelationskoeffizienten und Rauschleistung für Kalium auf der W(110)-Fläche, aus /58/.

Mit Hilfe der Kreuzkorrelation konnte auch der starke Einfluß der Substratstruktur auf das Diffusionsverhalten gezeigt werden, indem durch eine Nickelbedampfung die Gräben der (112)-Fläche schrittweise aufgefüllt wurden /41/. Die Messung der Emissionsstromfluktuationen stellt damit eine der wichtigsten Methoden zur Oberflächendiffusionsbestimmung dar, die vor allem die Nachteile einer Ausbreitungsmessung einer aufgedampften Überschußbedeckung vermeidet. Ob allerdings in jedem konkreten Fall die Voraussetzungen des einfachen Konzentrationsfluktuationsmodells voll zutreffen, bleibt offen, weswegen schon früher eine Art trap-Modell des Rauschens entwickelt wurde /55/, das ebenfalls Anpassungen an gemessene Spektren ermöglicht /56, 57/. Schließlich ergibt sich noch ein anderer gewichtiger Einwand, der jetzt abschließend diskutiert werden soll.

Abb. 15 zeigt die Kreuzkorrelationskoeffizienten (CCCs), also die Werte der Kreuzkorrelationsfunktion (CCF) für eine Zeitverzögerung $\tau = 0$, in ihrer Abhängigkeit von dem Bedeckungsgrad $\bar{\Theta}$. Es ergibt sich zwar ebenfalls ein scharfes (CCC-)Minimum am Rauschminimum der K-Kohärentstruktur auf der W(112)-Fläche, die Temperatur-

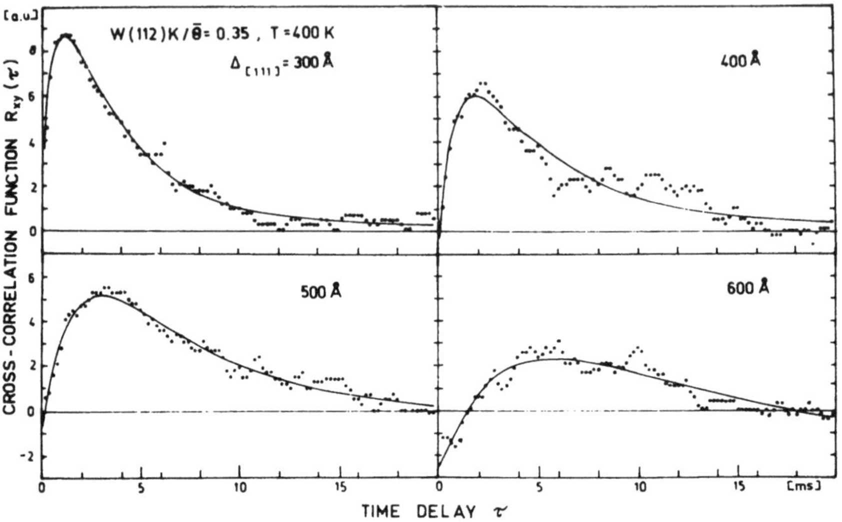

Abb. 16: Kreuzkorrelationsfunktionen für Kalium auf der W(112)-Fläche für verschiedene Sondenabstände, aus /52/.

abhängigkeit z.B. ist jedoch ganz anders als die der gleichzeitig registrierten Rauschleistung /58/. Bemerkenswert sind aber vor allem negative CC-Koeffizienten bei niedrigen Temperaturen. Solche negativen Werte wurden auch in manchen Bereichen der CC-Funktionen gefunden, wie Abb. 16 zeigt /52/. Dieses Bild demonstriert zugleich die Abstandsabhängigkeit der Kreuzkorrelationsfunktionen (bei konstanter Temperatur), wobei es naheliegt, daß ein Diffusionsbeitrag mit steigender Entfernung abnimmt. Gerade dann machen sich negative CCF-Teile bemerkbar wie auch besonderes bei niedrigen Temperaturen /59/. Dieses Antiphasen-Verhalten des Adsorbatrauschens (CCC <0) ist bei random walk-Diffusionsvorgängen nicht verständlich, überdies finden sich Andeutungen von Oszillationen.

Zur Erklärung dieser und weiterer /59/ Beobachtungen wurde daher das Auftreten von Solitonen oder Domänengrenzenverschiebungen in Betracht gezogen /60-62/. Abb. 17 veranschaulicht einen möglichen Mechanismus für die W(112)-Fläche. Wie die rechts unten angedeutete Elementarmasche erkennen läßt, werden eine c(2x2)-Überstruktur des adsobierten Kaliums sowie Domänen angenommen, wodurch die etwas kleinere Oberflächenkonzentration im Vergleich zur idealen c(2x2)-Bedeckung ausgeglichen wird. In Analogie zu dem aus der Seegerschen Solitonenlösung der Sine-Gordon-Gleichung (vergl. Ref. /62/) oder auch aus einer Adsorbatsolitonentheorie /63, 64/ bekannten Auftreten von 'kinks' ist eine solche geknickte Dislokationslinie dargestellt. Durch einfache flip-Prozesse zwischen energetisch gleichwertigen Positionen - Adatom 18 geht nach Position 18', No 19, 20, 21 usw. folgen - bewegt sich der Knick z.B. nach oben, wobei die Dislokationslinie nach rechts vorrückt (Abb. 18).

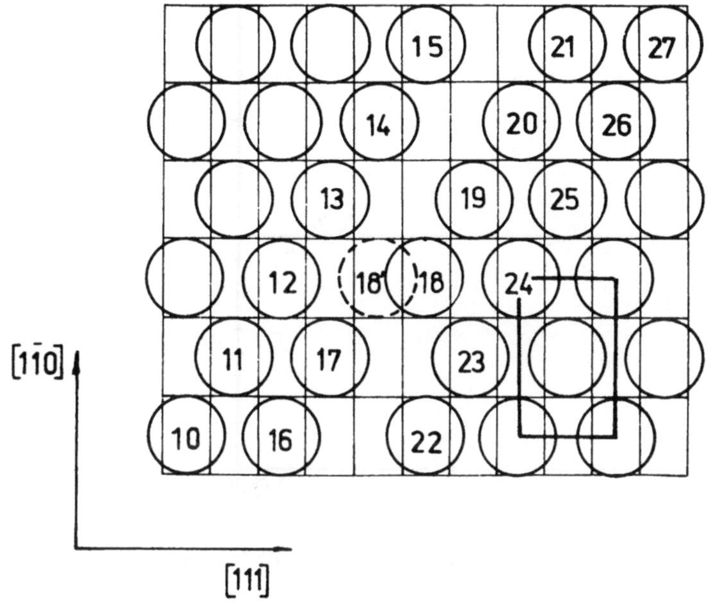

Abb. 17: Modell einer Domänengrenze mit 'kink' in einer c(2x2)-Adsorbatschicht auf der W(112)-Fläche, aus /62/.

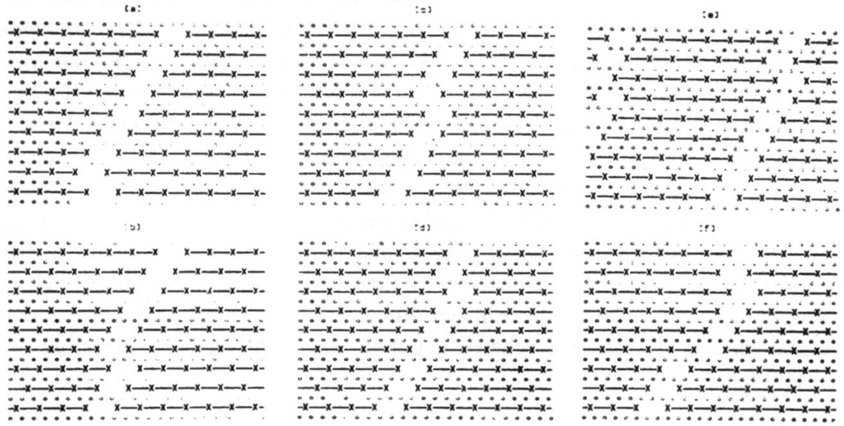

Abb. 18: Simuliertes Vorrücken von Domänengrenzen durch kink-Bewegung einer c(2x2)-Adsorbatschicht auf der W(112)-Fläche (a-e); f: Doppelkink entsprechend der Soliton-Antisoliton-Lösung der Sine-Gordon-Gleichung, aus /62/.

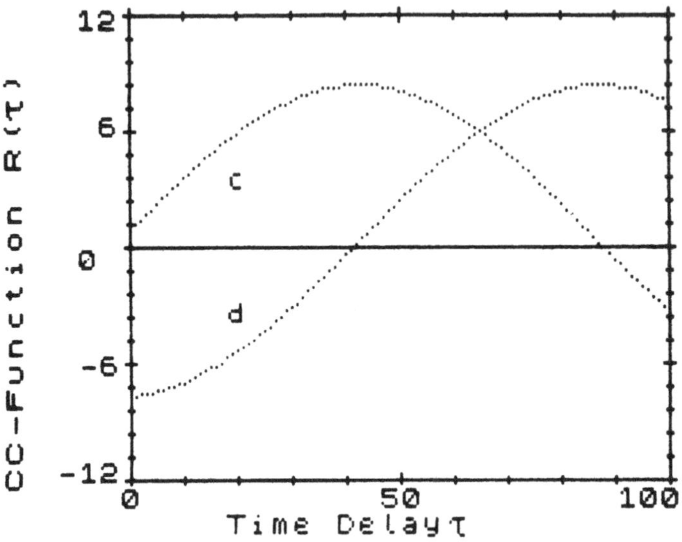

Abb. 19: Simulierte Kreuzkorrelationsfunktionen für verschiedene Kollektorabstände

Dieser kollektive Mechanismus bewirkt also ein Wandern von Domänengrenzen (Abb. 18 a-d) durch die Kollektorsondenbereiche, was sich wegen der unterschiedlichen Austrittsarbeit der K-bedeckten und reinen W-Oberfläche in einer entsprechenden Modulation des Emissionsstromes bemerkbar macht. Durch eine Simulation von Kreuzkorrelationsfunktionen unter Verwendung der Kink-Lösung der Sine-Gordon-Gleichung konnte gezeigt werden /65/, daß dann auch negative CCF-Teile auftreten können (Abb. 19) je nach der Phasenlage der in den beiden Kollektorbereichen wirksam werdenden kammartigen Solitonenstruktur. Aus diesem Modell ergibt sich auch der sehr oft beobachtete allgemeine CCF-Verlauf mit einem Maximum, das sich, solange die Korrelationsfunktion gänzlich positiv bleibt (also meist bei etwas höheren Temperaturen), auch aus dem üblichen Diffusionsverhalten verstehen läßt. Mit dieser Erklärung negativer CCF-Bereiche ist aber ein ziemlich direkter Nachweis des solitonenartigen Verhaltens von (Alkali-)Adsorbaten gegeben, das sich sonst nur mittelbar erschließen läßt /66/.

4. Schluß

Dieser notwendigerweise sehr geraffte Überblick ist als ein bunter Geburtstagsstrauß für Professor H. Bethge gedacht, der wie im eingangs genannten Beispiel oder als langjähriger Vorsitzender der Hauptforschungsrichtung "Struktur fester Phasen und Kinetik der Phasenbildung" auch diese Arbeiten gefördert hat. Aus den Vorträgen über die Hallenser Ergebnisse und den Diskussionen im HFR-Rat, in die viele internationale

Erfahrungen von ihm einflossen, konnte manche Anregung und Ermunterung gewonnen werden, wofür auch die Leipziger Oberflächengruppe Professor Bethge sehr dankbar ist.

Literatur

/1/ H. Bethge, J. Vacuum Sci. Techn. 6 (1969) 460.

/2/ W. Telieps and E. Bauer, Surface Sci. 162 (1985) 163.

/3/ Ch. Kleint, Exp. Techn. Physik, 8 (1960) 193.

/4/ Ch. Kleint and W. Moldenhauer, 1965, Trans. 3rd Int. Vacuum Congr. Stuttgart, II (1967) 475.

/5/ Ch. Kleint, B. Hartmann und H. Meyer, Z. phys. Chem. (Leipzig) 250 (1972) 315.

/6/ Ch. Kleint, Vacuum 36 (1986) 267.

/7/ K.-D. Brzoska and Ch. Kleint, Thin Solid Films 34 (1976) 131.

/8/ G. Schulze and H. Henzler, Surface Sci. 124 (1983) 336.

/9/ B. Hartmann und Ch. Kleint, Proc. Phys. Halbleiteroberfl., Binz, 6 (1975) 147.

/10/ K.-D. Brzoska und B. Hartmann, Proc. Phys. Halbleiteroberfl., Binz, 9 (1978) 95.

/11/ P. Koke and W. Mönch, Solid State Commun. 36 (1980) 1007.

/12/ J.A. Golovchenko, Science 232 (1986) 48.

/13/ K.-D. Brzoska, T. Hein und W. Zuy-ing, Proc. Phys. Halbleiteroberfl., Binz, 20 (1989) 29.

/14/ Ch. Kleint, Proc. Phys. Halbleiteroberfl., Binz, 13 (1982) 27.

/15/ Ch. Kleint, Proc. Phys. Halbleiteroberfl., Binz, 15 (1984) 231.

/16/ H. Ibach and D.L. Mills: Electron Energy Loss Spectroscopy and Surface Vibrations, Academic Press, New York 1982.

/17/ J.A. Schaefer, Surface Sci. 178 (1986) 90.

/18/ W. Driesel und H. Bethge, Proc. 8. Tagg. Hochvak., Grenzfl. Dünne Schichten, Dresden, I. (1984) 154.

/19/ Ch. Kleint, S. Mahmoud und R. Hesse, Proc. Phys. Halbleiteroberfl., Binz, 20 (1989) 19.

/20/ S. Mahmoud, Ch. Kleint, unveröffentlicht.

/21/ J.A. Stroscio, S.R. Bare and W. Ho, Surface Sci. 154 (1985) 35.

/22/ Ch. Kleint and K.-D. Brzoska, Surface Sci. 231 (1990) 177.

/23/ Ch. Kleint und S. Mahmoud, Surface Sci. (1991) im Druck

/24/ Ch. Kleint, M. Funke and R. D. Tomlinson, Appl. Phys. A 46 (1988) 137.

/25/ A. Richter, S. Mahmoud, Ch. Kleint and M. Ritschel, preprint.

/26/ Ch. Kleint, in: Physics of Solid Surfaces (Edit. M. Laznicka) Elsevier Scientific, Amsterdam (1980) 233.

/27/ M. Merkel, Diss. Leipzig (1987).

/28/ M. Merkel und Ch. Kleint, Proc. Phys. Halbleiteroberfl., Binz, 19 (1988) 29.

/29/ Ch. Kleint and M. Merkel, Surface Sci. 213 (1989) 657.

/30/ K.-G. Voigt, Diss. Leipzig (1982).

/31/ P. Bak, Phase Transitions on Surfaces, in: Chemistry and Physics of Solid Surfaces V, Eds. R. Vanselow, R. Howe, Springer Series on Chem. Phys. 35 (1984) 317.
/32/ J.F. Hartmann, Electrische Experimente im luftleeren Raume, Hannover (1766).
/33/ Ch. Kleint, Wiss. Z. Karl-Marx-Univ. Leipzig, Math.-Naturw. R. 36 (1987) 697.
/34/ K. Cunradi, Ann. Physik IV. F., 81 (1926) 155.
/35/ Ch. Kleint und H.-J. Gasse, Fortschr. Phys. 13 (1965) 499.
/36/ Ch. Kleint, Surface Sci. 200 (1988) 472.
/37/ T. Biernat and Ch. Kleint, Appl. Surface Sci. 27 (1987) 411.
/38/ Ch. Kleint, Phys. Status solidi (a) 55 (1979) 447.
/39/ Proc. Solid State Surface Physics Sympos. Wroclaw 1984, Acta Univ. Wratislav. No 936 (1986).
/40/ Proc. Surface Phys. Sympos. Leipzig 1989, Solid State Phenomena, Vol 12 (1990).
/41/ R. Blaszczyszyn and Ch. Kleint, Appl. Phys. A 46 (1988) 145.
/42/ R. Meclewski, Ch. Kleint and R. Blaszczyszyn, Surface Sci. 52 (1975) 365.
/43/ T. Biernat and Ch. Kleint, Appl. Phys. A 50 (1990) 95.
/44/ J. Beben, Ch. Kleint and R. Meclewski, Z. Phys. B-Condensed Matter 69 (1987) 319.
/45/ G.W. Timm and A. Van der Ziel, Physica 32 (1966) 1333.
/46/ R. Gomer, Surface Sci. 38 (1973) 373.
/47/ M.A. Gesley an L. W. Swanson, Phys. Rev. B 32 (1985) 7703.
/48/ J.R. Chen and R. Gomer, Surface Sci. 79 (1979) 413.
/49/ J. Beben, Ch. Kleint and R. Meclewski, Appl. Phys. A 40 (1986) 79.
/50/ A. Dabrowski and Ch. Kleint, Surface Sci. 172 (1986) 372.
/51/ J. Beben, Ch. Kleint and R. Meclewski, J. Physique 49 (1988) C 6-113.
/52/ J. Beben, Ch. Kleint and R. Meclewski, Surface Sci. 213 (1989) 438.
/53/ J. Beben, Ch. Kleint and R. Meclewski, J. Physique 50 (1989) C 8-97.
/54/ J. Beben, Ch. Kleint and R. Meclewski, J. Physique 48 (1987) C 6-545.
/55/ Ch. Kleint, Surface Sci. 25 (1971) 394.
/56/ Ch. Kleint, Surface Sci. 25 (1971) 411.
/57/ Ch. Kleint, Ann. Physik VII. F. 38 (1981) 305.
/58/ A. Dabrowski and Ch. Kleint, Surface Sci. 119 (1982) 118.
/59/ Ch. Kleint, Solid State Phenomena 12 (1990) 1.
/60/ Ch. Kleint, Acta Univ. Wratislaviensis 936 (1986) 81.
/61/ R. Blaszczyszyn and Ch. Kleint, Surface Sci. 171 (1986) 615.
/62/ J. Beben, Ch. Kleint and A. Pawelek, Surface Sci. 213 (1989) 451.
/63/ I.L. Ljuksjutov and V. L. Pokrovskii, Pisma Zh. Eksp. Teor. Fiz. 33 (1981) 343.
/64/ V.L. Pokrovskii and A. L. Talapov, Zh. Eksp. Teor. Fiz. 78 (1980) 269.
/65/ Ch. Kleint, Coll. Physique 50 (1989) C 8-47.
/66/ A.G. Naumovets, in: Proc. 9th Intern. Vacuum Congr. and 5th Intern. Conf. on Solid Surfaces, Madrid, (1983) 90.

Johannes Heydenreich

Elektronenmikroskopische Abbildung von Oberflächen

Sehr verehrter, lieber Herr Bethge!
Sehr verehrter Herr Präsident!
Meine Damen und Herren!

Bereits in der Anfangszeit der Elektronenmikroskopie zu Beginn der dreißiger Jahre wurde der Abbildung von Oberflächen fester Körper besondere Beachtung geschenkt, und seither gehört der Einsatz der Oberflächen-Elektronenmikroskopie zu den unverzichtbaren Voraussetzungen für die Lösung von Forschungsaufgaben auf nahezu allen naturwissenschaftlichen, technischen und auch medizinischen Gebieten. Festkörperphysik, Festkörperchemie und Werkstofforschung profitieren in besonderer Weise von ihr.
Gestatten Sie mir eingangs einige Bemerkungen zur Einordnung der Oberflächen-Elektronenmikroskopie in das Gesamtgebiet der Elektronenmikroskopie (Abb. 1), das grob in die Durchstrahlungs-Elektronenmikroskopie und die elektronenmikroskopische Direktabbildung von Oberflächen unterteilt wird. Erstere betrifft in der Mehrzahl der Fälle die Durchstrahlungsabbildung massiver Festkörper, sowohl amorpher wie

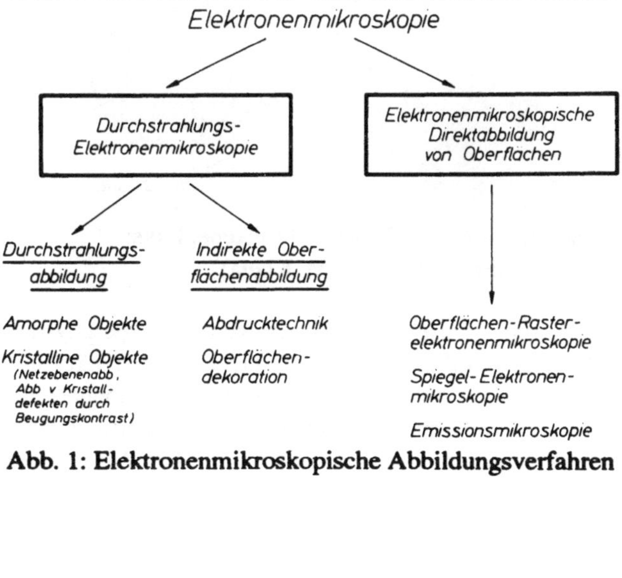

Abb. 1: Elektronenmikroskopische Abbildungsverfahren

auch kristalliner. Aber auch die indirekte Oberflächenabbildung mittels Abdruck- und Dekorationstechnik ist hier enthalten. Innerhalb der Direktabbildung von Oberflächen sind zu nennen: die Rasterelektronenmikroskopie, die Spiegel-Elektronenmikroskopie, die Emissionsmikroskopie und - hier nicht angegeben - die Reflexions-Elektronenmikroskopie. Das aktuelle Gebiet der Rastertunnelmikroskopie ist im weitesten Sinne auch hier einzuordnen. Anders als bei den üblichen elektronenmikroskopischen Verfahren, wo mit einem Strahl freier Elektronen gearbeitet wird, werden hier gebundene Elektronen für die Erzeugung der Abbildung benutzt.
Sie, lieber Herr Bethge, haben sowohl für die indirekte wie auch für die direkte Oberflächenabbildung sehr viel getan. Das im ersten Vortrag erwähnte und kurz beschriebene Verfahren der elektronenmikroskopischen Oberflächendekoration /1, 2/, mit dem Oberflächenstufen atomarer Höhe auf kristallinen Objekten abgebildet werden

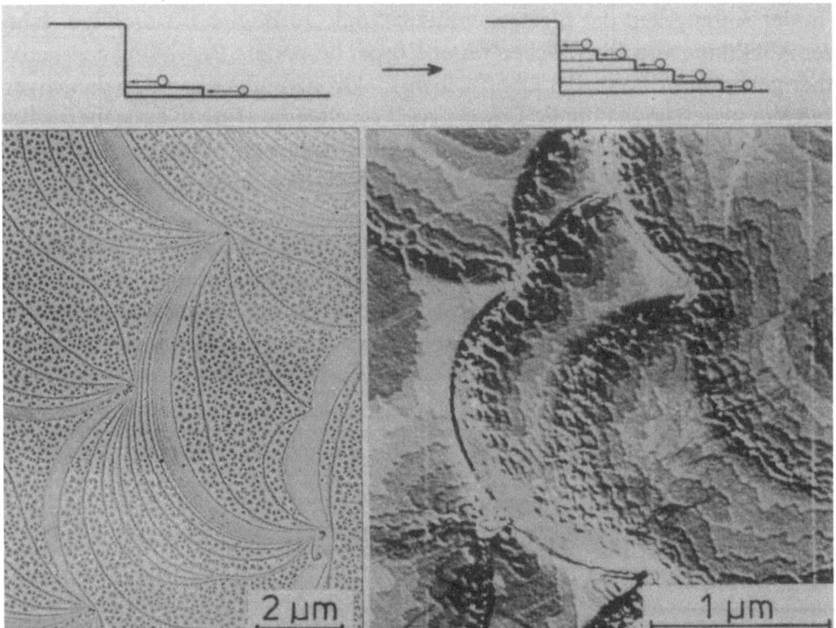

Abb. 2: Wachstum von Goldschichten auf einer Silber(111)-Fläche, links: Dekorationsbild, rechts: TEM-Abbildung (Aufnahme: M. Klaua)

können, wurde von Ihnen in vielseitiger Weise für die Lösung von festkörperphysikalischen Problemen eingesetzt /3/. Das betraf nicht nur das Gebiet der Plastizitäts- und Bruchforschung, sondern vor allem auch die Oberflächenphysik, insbesondere die Aufklärung molekularer Prozesse auf Festkörperoberflächen. Beispiele hierfür wurden im Vortrag von Herrn Malinowski gegeben, und in Halle wurde in den Abteilungen

von Professor Krohn und Dr. Keller - angeregt durch Ihre Vorschläge - intensiv auf diesen Gebieten gearbeitet. Ich darf ein weiteres Beispiel /4/ - die Charakterisierung des Wachstums dünner Goldschichten auf definierten Silber-Oberflächen betreffend - geben. Durch geeignete Temperbehandlung von Ag(111)-Oberflächen, etwa bei 600C, erzielt man durch beginnende Abdampfung eine Zusammenlagerung von ursprünglich mehr oder weniger gleichmäßig verteilten monoatomaren Stufen (Abb. 2) zu Stufen beträchtlicher Höhe, die durch Hindernisse, z.B. Verunreinigungen, fixiert sind, wie das Dekorationsbild zeigt. Beim Aufdampfen von Gold (im Mittel von 3,4 Monolagen) erfolgt ein Wachstum von den hohen Terrassen aus, so daß sich an den Wachstumsgrenzen monoatomare Schichten ergeben. Diese monoatomaren Schichten sind in der Abbildung rechts mittels des Extinktionskontrastes in der Durchstrahlungsabbildung (nach Ablösen der Goldschicht von der Ag-Oberfläche) wiedergegeben.
Will man die Dekorationstechnik nutzen, ohne den Weg über den Abdruck zu gehen, so erweist sich die Benutzung des Raster-Elektronenmikroskops für die Abbildung der dekorierenden Partikel als günstig. Abb. 3 zeigt eine mit dem Rastermikroskop erzeugte Dekorations-Aufnahme (Golddekoration) einer Graphitoberfläche. Die sichtbaren atomaren Stufenstrukturen sind durch thermische Ätzung erzeugt worden; sie sind an der Durchstoßstelle einzelner Versetzungen entstanden. Der gute Kontrast ergibt sich durch den hohen Sekundärelektronenemissionskoeffizienten des Goldes verglichen mit der Graphitunterlage.
Für die elektronenmikroskopische Direktabbildung von Oberflächen erwies sich die Entwicklung elektronenoptischer Spezialgeräte als notwendig, eine Arbeitsrichtung, die Sie mit Freude und Engagement vorangebracht haben.
Zur Darstellung der Entwicklung der elektronenmikroskopischen Oberflächen-Abbildungsverfahren wurde für den Zeitraum von 1950-1985 die Anwendungshäufigkeit der einzelnen Methoden der elektronenmikroskopischen Oberflächen-Abbildung angegeben (s. Abb. 4). Bis Anfang der 60er Jahre gab es für die Direktabbildung von Oberflächen nur die klassischen Methoden der Oberflächen-Elektronenmikroskopie: Emissions-, Reflexions- und Spiegel-Elektronenmikroskopie. Bei den indirekten Verfahren dominierte die Abdrucktechnik, die durch die 1958 aufgekommene Methode der Oberflächendekoration ergänzt wurde. Einschneidende Veränderungen in der Oberflächen-Elektronenmikroskopie hat die rapide Entwicklung der Rasterelektronenmikroskopie gebracht. Obwohl bereits Mitte der dreißiger Jahre von v. Ardenne und Knoll angeregt, kamen - gegeben durch bislang unzureichende Möglichkeiten in der Elektronenoptik und in der Elektronik - die ersten Rasterelektronenmikroskope erst Mitte der 60er Jahre auf den Markt und wurden - wie die Darstellung zeigt - sehr schnell in großer Breite unter zeitweiser Zurückdrängung der klassischen Methoden der Oberflächen-Elektronenmikroskopie eingesetzt. Mit dem Aufkommen der Forderung nach der Untersuchung sauberer bzw. definiert bedeckter Oberflächen unter Ultrahochvakuum-Bedingungen kam es zu einer Renaissance der klassischen Untersuchungs-Techniken, die zur Ultrahochvakuum-Oberflächenelektronenmikroskopie führte.

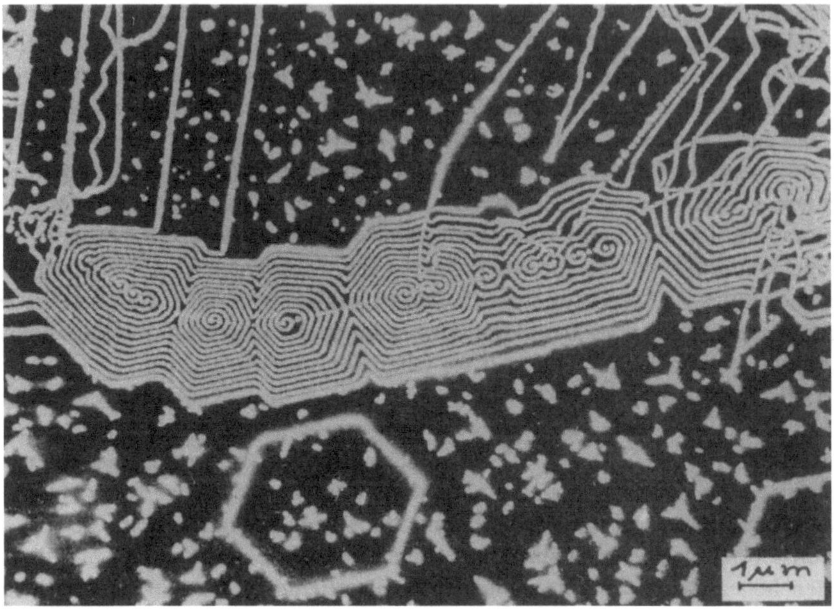

Abb. 3: Abdampfstrukturen auf einer (0001)-Graphit-Oberfläche (Aufnahme: J. Vetter)

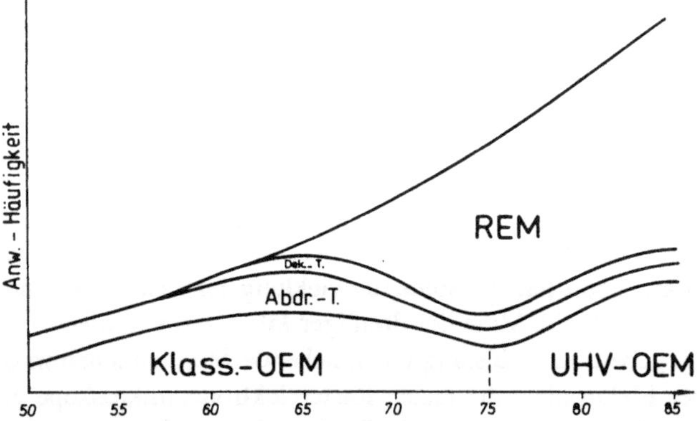

Abb. 4: Relative Anwendungshäufigkeit elektronenmikroskopischer Oberflächen-Abbildungsverfahren (OEM - Oberflächen - Elektronenmikroskopie, REM - Rasterelektronenmikroskopie)

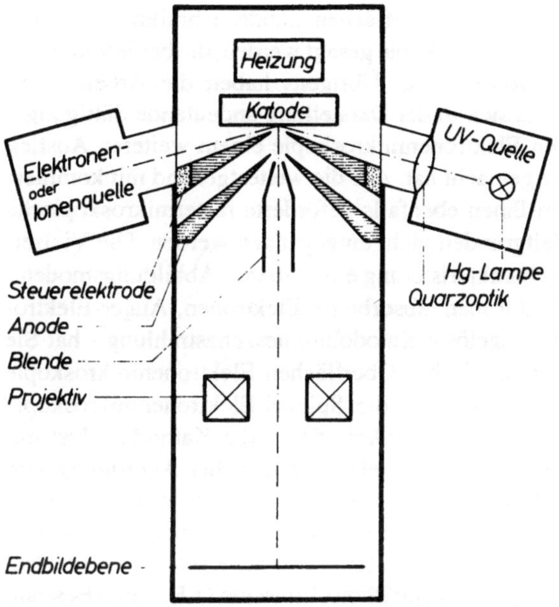

Abb. 5: Prinzip des Emissionsmikroskops

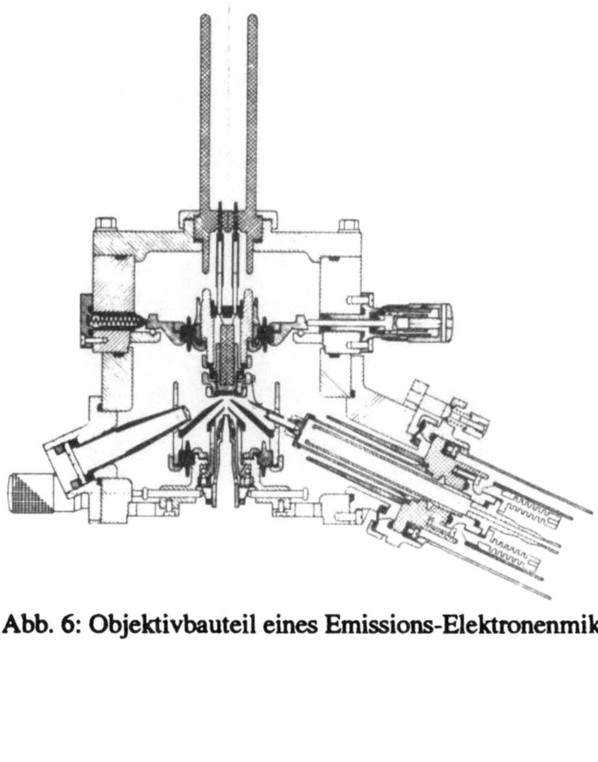

Abb. 6: Objektivbauteil eines Emissions-Elektronenmikroskops

Im folgenden soll etwas über die klassische Oberflächen-Elektronenmikroskopie und über die Ultrahochvakuum-Elektronenmikroskopie gesagt werden, die beide von Ihnen in entscheidender Weise geprägt worden sind. Übrigens haben die Arbeiten der vergangenen 4 Jahre gezeigt, daß das sich in der Darstellung andeutende Sättigungsverhalten für die UHV-Oberflächen-Elektronenmikroskopie einem weiteren Anstieg in der Anwendungshäufigkeit Platz gemacht hat. Auf die weitestgehend mit kommerziellen Geräten durchgeführte, von Ihnen ebenfalls geförderte rastermikroskopische Untersuchungstechnik kann aus Zeitgründen nicht eingegangen werden. Die Vielseitigkeit der hier für die Oberflächencharakterisierung einsetzbaren Abbildungsmoden - Sekundärelektronen, reflektierte Elektronen, absorbierte Elektronen, Auger-Elektronen, ausgelöste Röntgenstrahlung, ausgelöste Katodolumineszenzstrahlung - hat Sie stets begeistert. Aus dem Gebiet der klassischen Oberflächen-Elektronenmikroskopie soll kurz etwas über die Emissions- und über die Spiegel-Elektronenmikroskopie gesagt werden: Bei der Emissionsmikroskopie (Abb. 5) ist die Kathode selbst das Untersuchungsobjekt. Mit Hilfe einer geeigneten elektronenoptischen Anordnung wird die lokale Emissionsverteilung der Oberfläche einer ebenen Kathode in die Bildebene abgebildet. Je nach Art der Elektronenauslösung kann man mit thermischer Emission (Aufheizung des Objektes), mit Sekundäremission (Beschuß der Kathode mit Elektronen), mit ioneninduzierter Emission oder auch mit Photo-Emission (z.B. durch Bestrah-

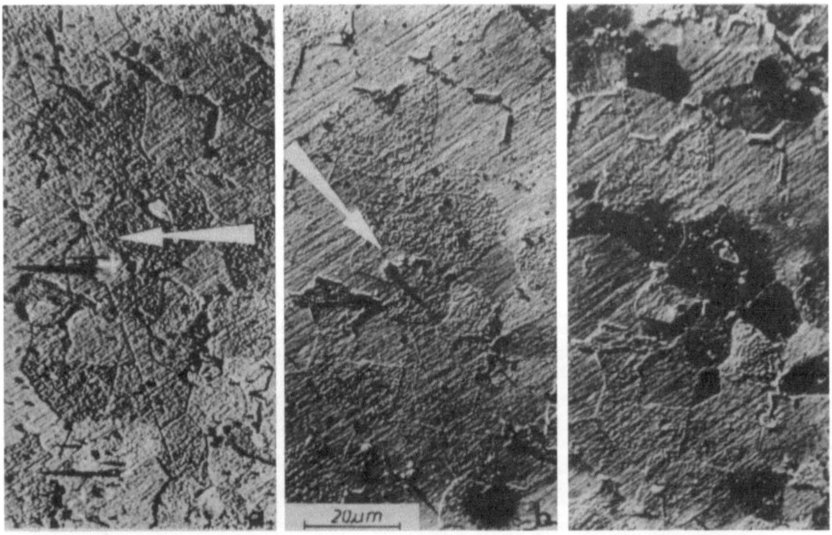

Abb. 7: Emissionsmikroskopische Abbildungen einer Stahl-Oberfläche
a) Elektronenbeschuß bei 20C
b,c) Ionenbeschuß bei 20C bzw. 400C
(Aufnahme: E.-A. Soa)

lung der Kathode mit UV-Licht) gearbeitet werden. Ihr 1958 aufgebautes Emissionsmikroskop /5/ - das Objektivbauteil ist in Abb. 6 zu sehen -, das vor allem für Photoemission und ioneninduzierte Emission vorgesehen war, zeichnete sich durch Vielseitigkeit in den Anwendungsmöglichkeiten aus. Besonders hervorzuheben ist Ihre Mitarbeit an der Entwicklung eines kommerziellen Emissionsmikroskops von Carl Zeiss Jena, das als Spezialaufbau der Elektronenoptischen Anlage EF die Möglichkeiten der thermischen Emission durch Elektronenstoßheizung, der Sekundäremission und der ioneninduzierten Emission erlaubte. Dieses Gerät, in dem sehr viele Ihrer Anregungen realisiert worden sind, fand in vielen Ländern Verbreitung. Als Beispiel für mit einem solchen Gerät aufgenommene Abbildungen /6/ ist in Abb. 7 eine Bildserie der Kornstruktur einer Stahloberfläche wiedergegeben. Die Abbildung a) betrifft das Sekundäremissionsbild, während b) und c) ioneninduzierte Emissionsbilder, aufgenommen bei Raumtemperatur bzw. bei 400C, sind.

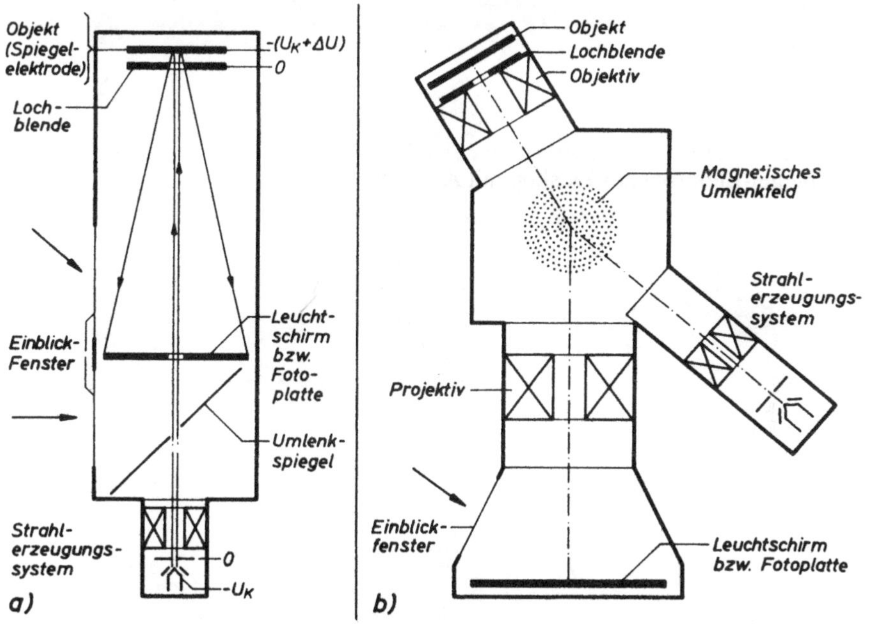

Abb. 8: Prinzip des Spiegel-Elektronenmikroskops
a) Geradsichtige Anordnung
b) Anordnung mit Ablenkfeld

In der Spiegel-Elektronenmikroskopie (s. Abb. 8) wird das Untersuchungsobjekt als Spiegel-Elektrode für die Umlenkung der aus einer Elektronenkanone stammenden Primärelektronen benutzt. Bei dieser 180°-Umlenkung der Elektronen durch die auf

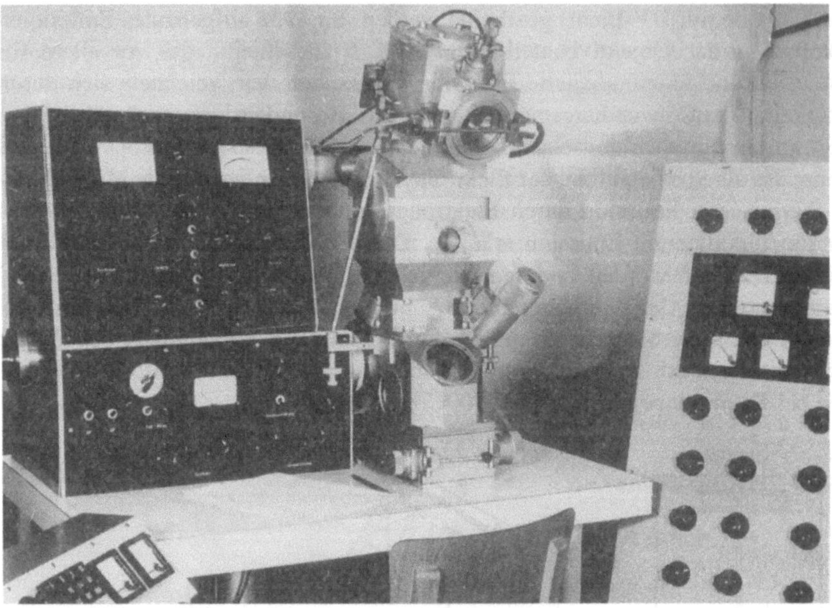

Abb. 9: Spiegel-Elektronenmikroskop mit Ablenkfeld

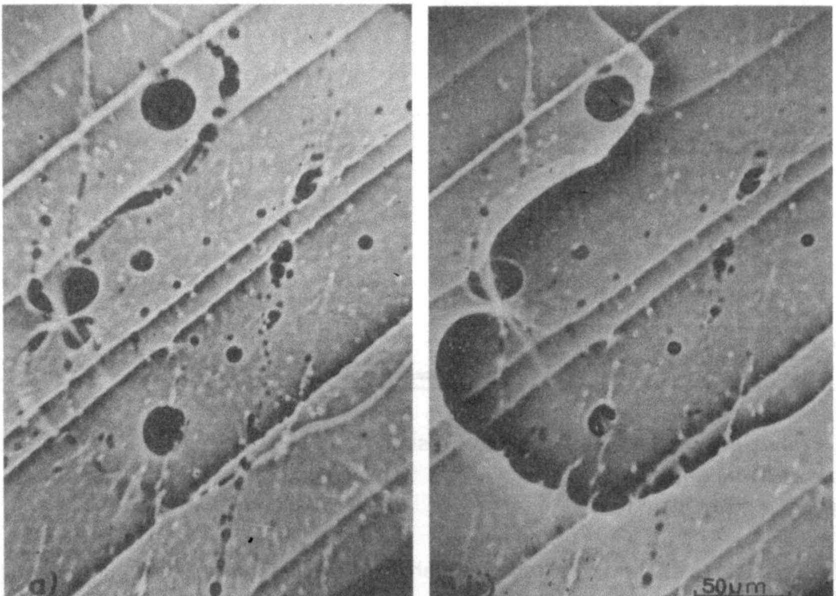

Abb. 10: Spiegel-EM-Aufnahmen einer Germanium-Aufdampfschicht (Substrat: NaCl, Querspannung: a) 0 V, b) 100 V (Aufnahme: J. Vester, J. Heydenreich)

hinreichend negativem Potential liegende Objektoberfläche werden Informationen über geometrische, elektrische oder auch magnetische Störungen der Oberfläche übertragen, die mittels der gespiegelten Elektronen bildmäßig erfaßt werden. Dabei wird entweder mit sogenannten geradsichtigen Geräten (mit gleicher Achse für einfallende oder gespiegelte Elektronen) oder mit Geräten mit Ablenkfeld, bei denen dieser Strahlengang aufgetrennt ist, gearbeitet. Beide Gerätetypen wurden unter Ihrer Anleitung gebaut, und in Abb. 9 ist ein solches Gerät der zuletztgenannten Art gezeigt /7/. Spezielle Anwendungsgebiete sind die Erfassung von Leitfähigkeitsinhomogenitäten in dünnen Halbleiter- bzw. Isolatorschichten und von magnetischen Oberflächenstrukturen. Abb. 10 zeigt zwei Abbildungen einer auf einem NaCl-Substrat aufgedampften Ge-Schicht. In Teilbild a) ist lediglich die im wesentlichen durch die Spaltfläche des Substrates bestimmte Oberflächen-Topographie zu erkennen, vornehmlich Spaltstufen. Teilbild b), das nach Erzeugung eines Stromflusses in der Schicht durch Anlegen einer Spannung von 100 V entstanden ist, zeigt zusätzlich entsprechende Leitfähigkeitsinhomogenitäten, die zu lokalen Feldstärkeänderungen (dunkle Bereiche - negativer aufgeladen) geführt haben.
Die Stärke beider Untersuchungstechniken - sowohl der Emissions- wie auch der Spiegel-Elektronenmikroskopie - liegt in ihrer hohen Empfindlichkeit für die "vertikale" Dimension der Objektoberfläche, gegeben entweder durch Geometrieinhomogenitäten bereits geringer Höhenausdehnung (bis in den atomaren Bereich) oder durch Störungen im Oberflächenpotential bzw. in der Chemie der Oberfläche (z.B. durch die Wirkung von Bedeckungsschichten).
Zur Ultrahochvakuum-Elektronenmikroskopie übergehend, bei der zur Vermeidung von Adsorptions- und Kontaminationserscheinungen während der elektronenmikroskopischen Untersuchung von Oberflächen im Druckbereich von 10^{-8} Pa gearbeitet wird, ist zu bemerken, daß Sie, lieber Herr Bethge, einer der ersten in der DDR waren, der die Ultrahochvakuumtechnik im Lande eingesetzt und weiterentwickelt hat, und zwar gleichermaßen für die definierte Behandlung von Oberflächen oder für die Herstellung dünner Schichten.
Besondere Verdienste haben Sie sich beim Aufbau eines Ultrahochvakuum-Photoemissions-Elektronenmikroskops /8/ erworben, das in Abb. 11 in der Ansicht wiedergegeben ist. Es besteht aus einem mechanisch hochpräzisen Objektmanipulator, dem Projektionslinsentubus, dem Kameratubus und der für die Elektronenemission benutzten UV-Lampe. Das Hauptstück der Elektronenoptik ist eine magnetische Kathodenlinse mit Stigmator. Das Bild selbst wird wahlweise über einen Leuchtschirm oder über eine Channel-Platte beobachtet. Das Ultrahochvakuum wird mit einer Ionenpumpe und mit zwei Titan-Sublimations-Pumpen erzielt. Für die Erzeugung des Grobvakuums werden zwei Sorptionspumpen und eine mechanische Pumpe (getrappt) eingesetzt. Nach entsprechender Ausheizung ist ein Vakuum von 10^{-8} Pa erzielbar. Ausgerüstet mit einem Elektronenspektrometer ist das Gerät auch als Auger-Spektrometer benutzbar. Weitere Flansche sind für die Beugung mit langsamen Elektronen, für Spiegel-

Abb. 11: UHV-Photoemissions-Elektronenmikroskop

Elektronenmikroskopie, für Ionen- und Elektronenquellen bzw. für die Massenspektrometrie zur Restgasanalyse vorgesehen.
Als Anwendungsbeispiel aus dem Gebiet der Untersuchung ultradünner Schichten zeigt Abb. 12 zwei Bilder einer polykristallinen Ni-Oberfläche, die abgedeckt durch eine Streifenmaske im UHV mit einer 0.1 nm dicken Ag-Schicht versehen worden ist. Die mit Ag bedampften Außenbereiche zeigen eine wesentlich höhere Elektronenemission als der nichtbedampfte Streifen, wobei die Emission stark von der kristallographischen Orientierung der einzelnen Körner abhängt. Nach einer kurzen Temperbehandlung bei 270C für 15s ergibt sich die in Bild b) sichtbare Bildstruktur. Man sieht, daß sich die Silberschicht in die unbedeckte Region hinein ausgedehnt hat und daß die Schichtbegrenzung durch Diffusionsprozesse unscharf geworden ist. Einige Körner, die vorher frei von Silberbedeckung waren, zeigen durch ihre stark erhöhte Photoemission, daß sie nun mit einer dünnen Ag-Schicht überzogen sind. Bezüglich des oberen hellen Kristalliten (s. Pfeil) erkennt man, daß eine Korngrenze als Diffusionspfad wirksam war.
Für die angewandte Forschung ist es wichtig, daß das UHV-Photoemissions-Elektronenmikroskop die Erfassung von Verunreinigungs- und Dotierungskonzentrationen in Oberflächen mit extrem hoher Empfindlichkeit und mit einer lateralen Auflösung von 10-20 nm erlaubt. Das Anwendungsbeispiel in Abb. 13 betrifft Implantationsstrukturen in Halbleitern. Die Abbildung a) bezieht sich auf einen borimplantierten n-Si-Kristall

Abb. 12: Photoelektronen-Abbildungen einer polykristallinen Nickel-Oberfläche (Details: s. Text) (Aufnahme: T. Krajewski, O. Lichtenberger)

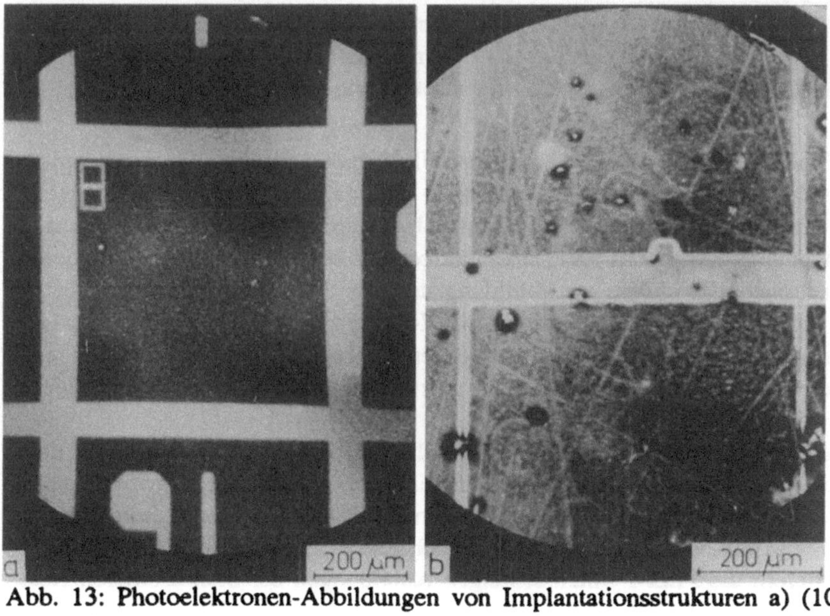

Abb. 13: Photoelektronen-Abbildungen von Implantationsstrukturen a) (100)-n-Si, B+-implantiert b) (100)-n-GaAs, Zn+-implantiert (Aufnahme: W. Driesel)

(Implantationsdosis: $10^{15} cm^{-2}$, Implantationsenergie: 50 keV) in (100)-Orientierung. In Abb. b) ist ein n-GaAs-Kristall abgebildet, der mit 80 keV Zn-Ionen bei einer Dosis von 8 $10^{15} cm^{-2}$ implantiert wurde. Die Strukturen werden nach einem speziellen Reinigungsprozeß sichtbar; sie sind aber - zumindest für Si - bis zu Konzentrationen von $10^{12} cm^{-2}$ herunter, beobachtbar.

Abb. 14: Photoelektronen-Abbildung der Terrassenstruktur einer Mo(011)-Fläche (Dekoration mit Cu)

Die von Ihnen, lieber Herr Bethge, betriebene UHV-Photoemissions-Elektronenmikroskopie wird inzwischen an mehreren Stellen im Weltmaßstab als moderne Forschungsmethode eingesetzt. Ernst Bauer (TU Clausthal), der sich bisher vorzugsweise mit der Niederspannungs-Reflexions-Elektronenmikroskopie befaßte, benutzt die Photoemissions-Elektronenmikroskopie zur Abbildung atomarer Stufen auf kristallinen Oberflächen (s. Abb. 14). Durch Dekoration von Mo(011)-Flächen mit Kupfer konnte er zuverlässig entsprechende Terrassenstrukturen beobachten. Es konnten z.B. auch Schraubenversetzungen, die Drehgrenzen markieren, und Gleitspuren nachgewiesen werden.
Am Fritz-Haber-Institut der Max-Planck-Gesellschaft in Berlin (West) werden mittels Photoelektronen-Emissionsmikroskopie (PEEM) z.B. katalytische Prozesse untersucht, die mit der Oxidation von CO-Schichten auf Pt-Oberflächen zusammenhängen /10/. Während mittels Restgasanalyse entsprechende Reaktionsoszillationen gefunden werden, liefern die PEEM-Untersuchungen Abbildungen der monoatomaren Reaktionsfronten.

Im Rahmen der kurzen Ausführungen über die elektronenmikroskopische Abbildung von Oberflächen konnte nichts über die Ultrahochvakuum-Reflexions-Elektronenmikroskopie gesagt werden, die auch für die Abbildung monoatomarer Stufen auf Oberflächen eingesetzt wird. Wichtig - und von Ihnen stets betont - erscheint die Koppelung von Abbildungsverfahren mit den Verfahren der UHV-Oberflächenanalyse (Beugung mit langsamen Elektronen /LEED/, Auger-Elektronenspektroskopie /AES/, Sekundärionen- und Sekundär-Neutralteilchen-Massenspektroskopie /SIMS,SNMS/) im Sinne des von Ihnen vorgeschlagenen, vom Präsidenten bereits erwähnten Terminus der "Abbildenden Oberflächenanalyse". Für das moderne Gebiet der weitgehend selbständigen Rastertunnelmikroskopie /11/ haben Sie stets großes Interesse gezeigt, und wir freuen uns, daß in unserem Institut - gerade rechtzeitig zu Ihrem Geburtstag - der Laboraufbau eines Rastertunnelmikroskops fertiggeworden ist.
Mit den kurzen Ausführungen sollte die Vielseitigkeit der elektronenmikroskopischen Abbildung von Oberflächen, vor allem in ihrer Anwendung für die Lösung festkörperphysikalischer Probleme /12/, angedeutet werden. Über mehrere Jahrzehnte hinweg haben Sie, lieber Herr Bethge, die Entwicklung der Oberflächen-Elektronenmikroskopie mit geprägt. Dafür danken Ihnen Ihre Kollegen, Ihre Schüler und Ihre Freunde von Herzen; sie wünschen sich alle, daß Sie auch in Zukunft mit Ihrem Rat und mit Ihren Anregungen rechnen können.

Literatur

/1/ Bassett, G. A., Philos. Mag. 3 (1958) 1042.
/2/ Bethge, H., Proc. 4th Int. Congr. Electron Micr., Berlin 1958, Vol. I, p. 508.
/3/ Bethge, H., Phys. Status Solidi 2 (1962) 3, 755.
/4/ Klaua, M., Bethge, H., Ultramicroscopy 17 (1985) 73.
/5/ Bethge, H., Eggert, H., Herbold, K., Proc. 4th Int. Congr. Electron Micr., Berlin 1958, Vol. I, p. 217.
/6/ Soa, E.-A., Jenaer Jahrbuch 1963, Bd. 2, S. 427.
/7/ Bethge, H., Heydenreich, J., Exp. Techn. Phys. 19 (1971) 375.
/8/ Bethge, H., Klaua, M., Ultramicroscopy 11 (1983) 207.
/9/ Mundschau, M., Bauer, E., Swiech, W., Surface Sci. 203 (1988) 412.
/10/ Ertl, G., Nova Acta Leopoldina, NF 64, Bd. 274 (1989) 15.
/11/ Binnig, G., Rohrer, H., Helv. Phys. Acta 55 (1982) 726.
/12/ Bethge, H., Heydenreich, J. (Eds.), Electron Microscopy in Solid State Physics, Elsevier Amsterdam u.a. 1987.

Heinz Bethge

Schlußwort

Sehr verehrter Herr Präsident!
Meine Damen und Herren!

In dem gedruckten Programm steht, der Bethge soll ein Schlußwort halten. Das bringt mich in die Bredouille; denn im Schlußworthalten bin ich relativ ungeübt, aber ich weiß natürlich, was an den Anfang gehört: ich habe ganz herzlich Dank zu sagen. Ich habe Ihnen, Herr Präsident Scheler, für Ihre sehr liebenswürdige Laudatio zu danken. Laudationes übertreiben im allgemeinen immer, Ihre hielt sich in Grenzen. Ich bedanke mich auch ganz herzlich für die eben gehaltenen ausgezeichneten Vorträge, sie ließen Erinnerungen hochkommen. Ihr Bild, Herr Kleint, das mich mit dem alten Laster Germer zusammen zeigt, kannte ich nicht, und ich weiß auch nicht, woher Sie die Bilder haben, die mich etwas intim betrafen. Ich meine den noch jungen Bethge mit der kleinen Tochter im Arm und dann den etwas Vergammelten, der da Johannisbeeren pflückt. Ich bedanke mich, es war ganz reizend.
Nun, wenn Sie meinen, daß ich vielleicht noch etwas mehr sagen soll, so fällt mir die Auswahl etwas schwer. Aktuell wäre, zu meditieren über das, was man immer schon besser gewußt hat; es ist dies ja gerade Mode. Ich möchte das nicht tun, ich habe es auch nicht nötig, denn ich bilde mir doch ein, wenn mir etwas sehr mißfallen hat, dies laut und deutlich gesagt zu haben. Das hat mir zwar oft Ärger eingebracht, aber da ich siebzig Jahre alt geworden bin, heißt das auch: ich habe den Ärger überlebt. Das ist doch ganz gut. Reizvoll wäre, etwas über die Entwicklung des halleschen Instituts zu sprechen; ein paar Sätze dazu werde ich sagen. Reizvoll wäre auch, darüber zu sprechen, wie ich mir immer Physik vorgestellt habe und wonach man streben soll, wenn man Wissenschaft betreibt. Aber es würde zu umfangreich werden, und ich sollte vielleicht die Regel des Rückblicks ganz durchbrechen und über ein paar Probleme sprechen, die ich vor mir hergeschoben habe und für die ich auch heute noch keine Lösung weiß. Ich nenne sie einfach mal "Mitarbeiterprobleme".
Ein paar Worte zur Entwicklung des Institutes, das kann ich im Telegrammstil machen. 1958 war die erste große internationale Konferenz der Elektronenmikroskopiker in Westberlin. Peter Adolf Thiessen war zwei Jahre zuvor gerade aus Moskau zurückgekommen. Er war einer der Pioniere in der Anwendung der frühen Elektronenmikroskopie im damaligen KWI, und er besuchte diese Konferenz. Ich war mit zwei

Vorträgen vertreten, und Herr Schmidt hat daraus vorhin die NaCl-Dekoration auf NaCl in einer Abbildung gezeigt. Ich habe aber auch noch ein paar andere Dinge zur Oberflächenabbildung vorgetragen, so z.B. was man sieht, wenn man Metallschichten mit einem Ionenkristall reagieren läßt. In einem zweiten Vortrag habe ich über unsere Arbeiten zur ersten Renaissance der Photoemissions-Elektronenmikroskopie vorgetragen. Eine nette Idee auf dieser Konferenz war es, daß jeder Teilnehmer einen Stimmzettel bekam, um einen besonders guten Vortrag auszuwählen, der dann auf einer Schlußsitzung nochmals vorgetragen wurde. Ich konnte über unsere Oberflächenentwicklungsarbeiten noch einmal sprechen, und das hat Herr Thiessen gehört. Ihm zeigte die Konferenz, was auf dem Gebiet der Elektronenmikroskopie los ist, welche Bedeutung sie inzwischen gewonnen hat, und ein zweiter Eindruck für ihn war, daß es da doch in Halle einen jungen Mann gibt, der ganz offenbar etwas davon versteht und auch schon ein bißchen angesehen ist. Herr Thiessen hat dann im Forschungsrat angeregt, das Gebiet zu fördern, dazu am besten ein kleines Institut zu gründen und zu sehen, ob man den Bethge dafür nehmen kann. Ich wurde dann nach Berlin bestellt, ein Ministerium für Wissenschaft und Technik gab es damals noch nicht, es gab aber ein Staatssekretariat, und vor dem mußte ich ein paar Vorstellungen entwickeln, wie das Vorhaben aussehen könnte. Es hieß dann: Sie sind an einer Universität, da ist es vielleicht nicht ganz passend; am besten, die Akademie soll ein Institut gründen und in Gang bringen. Es wurde dann mit der Akademie besprochen, ich mußte beim Vorsitzenden der damaligen Forschungsgemeinschaft erscheinen, einen kleinen Vortrag halten und sagen, wie ich mir alles vorstelle und wieviele Leute es in etwa sein könnten. Es wurde dann abgeschätzt, was es kosten kann, und schließlich wurde gesagt: Ja, es ist alles in Ordnung, fangen Sie an! Ach ja, es wurde noch eine kleine Kommission unter Leitung von Herrn Görlich eingesetzt, die mußte prüfen, ob der Bethge auch der richtige ist. Dann war eigentlich alles gelaufen, und zum 1. Januar 1960 wurde das Institut gegründet. Das war für einen gerade Vierzigjährigen sehr schön, und rückschauend darf ich sagen, die 25 Jahre, die ich mit dem Institut zugebracht habe, waren gut. Wir haben immer gebaut und ausgebaut, sind wissenschaftlich gut vorangekommen; es war ein gutes Stück Leben, das ich in dieses schöne Akademie-Institut habe hineinstecken können. Aber noch einmal zurück zur Gründung, die ja heute natürlich etwas nachdenklich macht. Vor 14 Tagen etwa wurde in Berlin großartig protestiert unter dem Motto "Was wir uns wünschen". Was ich mir wünsche ist, daß es heute wieder jungen Menschen möglich sein sollte, einen solchen Weg zu gehen, wie ich ihn gehen konnte. Als ein paar Fachleute sagten, der Bethge ist der Richtige, da brauchte weder ein Kaderdirektor zuzustimmen, noch wurde ein Parteisekretär gefragt. Es wurde einfach gefragt, ob es ein vernünftiger und zuverlässiger Mann sei; das war er, und ich habe nicht allzusehr enttäuscht.

Nun zu dem 2. Thema, das ich als "Mitarbeiterproblem" bezeichnet und das ich vor mir hergeschoben habe und zu dem ich auch als Älterer noch keine Lösung weiß.

Ich muß es etwas umreißen und fange am besten mit einem Beispiel an. Noch ganz in meiner Anfängerzeit, als Oberassistent mit ein paar Doktoranden und Diplomanden arbeitend, passierte mir folgendes: Man bespricht das Thema einer Doktorarbeit, und nach zwei oder drei Jahren ist Vorzuzeigendes da und wird nun diskutiert. Es ist noch ein bißchen dünn, und ich sage dem Doktoranden, zur Struktur der Schichten wissen wir eigentlich alles, aber wenn wir die auch noch optisch untersuchen - es ging um Legierungen -, wäre dies eine schöne Ergänzung, zumal wir dazu alles im Hause haben. Jawohl: Friede, Freude, Eierkuchen. Aber der Doktorand machte etwas ganz anderes und murkste noch zwei Jahre herum. Das immer noch freundschaftliche Gespräch ergab dann: "Na ja, Sie haben das mit den optischen Messungen angeregt, das hätte ich auch machen können, und es wäre auch schnell gegangen, aber wenn ich nun meine Doktorarbeit publiziere, dann hätte ich darunterschreiben müssen, daß Sie das angeregt haben." Ich hätte schon ein bißchen hellhörig werden müssen, aber erst in der Erinnerung ist mir klar geworden, daß uns durchaus öfters etwas "durch die Lappen" gegangen ist, weil einmal gegebene und immer gründlich diskutierte Anregungen einfach zu schnell beiseite geschoben wurden.
Auch dazu noch ein Beispiel. Ich kannte sehr gut die Rexerschen Arbeiten aus den 30er Jahren, im Smekalschen Band des "Blauen Handbuches" gedruckt, in denen additiv verfärbte Kristalle mit einem Ultramikroskop untersucht waren. Die abgebildeten linienhaften Strukturen waren ungeklärt. Nun waren Anfang der 50er Jahre recht plötzlich die Versetzungen aktuell, und mir kam die Idee, ob die Rexerschen Abbildungen nicht vielleicht Versetzungen sein könnten. Man mußte also Rexer noch einmal gründlich nachmachen. Ein guter und sehr intelligenter Diplomand wurde angesetzt, wir wollten uns schnell ein Ultramikroskop aufbauen und das dann auch gleich mit durchstimmbarer Wellenlänge betreiben. Wir bemühten uns um den damals bei Zeiss gerade fertiggewordenen Spiegelmonochromator und erhielten ein Produktionsmuster leihweise. Ich selbst mühte mich um das Ultramikroskop, und der Diplomand fing an, die Kristalle zu verfärben, was nun schon experimentell etwas Mühe macht. Aber nun kommt der junge Mann und sagt, daß er gerade in Jena war, über das Spektralphotometer diskutiert habe, aber bei Zeiss wisse man noch nichts über den Streulichtanteil. Wir müßten das aber wissen, wenn wir sauber arbeiten wollen; übrigens wäre Zeiss sehr interessiert, von uns zu erfahren, wie es mit dem Streulicht aussieht, und er möchte sich eigentlich damit abgeben, und können wir nicht doch das Thema der Arbeit ändern? Kurzum, das LeChateliersche Prinzip der maximalen Faulheit kam etwas zum Durchscheinen. Das Verfärben der Kristalle, die ja dann auch noch zu untersuchen sind, dauert lange, den Monochromator durchzumessen und nach der Mieschen Theorie dann über die Streuung des Prismas zu meditieren, geht schneller. Ich habe mir gesagt: es ist ein intelligenter Kerl, und wenn er es machen will, so soll er es tun. Es entstand daraus sogar eine recht vernünftige Publikation, aber es erschienen dann genau zur gleichen Zeit die schönen Arbeiten von Amelinckx, in denen genau das drin stand, was

wir eigentlich machen wollten. Es waren aufregende Ergebnisse, Amelinckx wurde damit weltbekannt, aber wir hatten es verpaßt.
Ich hatte mich zu fragen, ob mich dabei Schuld trifft, weil ich einfach in der Anleitung nicht hart genug war. Ich könnte weitere Beispiele bringen, will aber nur sagen, daß mich die Problematik bis in meine letzten Jahre hinein, in denen ich etwas zu sagen hatte, verfolgt hat. Jetzt darf ich nicht mehr schimpfen, aber habe ich früher nicht manchmal zu wenig geschimpft? Natürlich möchte man einem jungen Mitarbeiter Freiheitsgrade geben, aber wo liegt das Maß, wenn diese zu egozentrisch sind, nur auf ihrem eigenen Kram beharren wollen und es ihnen schwer fällt, anzuerkennen, daß es jemanden gibt, der mehr Erfahrungen hat und auch die "richtige Nase" für das richtige Problem. Ich möchte Fizzi Lynen zitieren, den ich sehr gut kannte und mit dem ich über mein Problem gesprochen habe. Er sagte mir, daß es bei ihm ganz harte Bandagen gäbe, er wolle keinen Mitarbeiter länger als fünf Jahre sehen. "Ist er sehr gut, dann hat er in fünf Jahren alles aufgepickt, was er bei mir lernen konnte. Er ist jetzt also selbständig und muß eigene Ideen haben, aber das geht in meinem Labor nicht, da muß das gemacht werden, was ich will. Aber ich helfe ihm, daß er jetzt eine selbständige Position bekommt. Ist es ein mittelmäßiger Mann, dann waren die fünf Jahre schon eine Zumutung, in denen ich mich mit ihm rumärgern mußte; fünf Jahre ist das Maximum." Das nun geht in einem Akademie-Institut alles nicht! Wenn bei uns einer nicht gerade silberne Löffel klaut, dann ist er für immer eingestellt und lebt sich bei uns zu Ende. Es ist eigentlich das große, erweiterte Problem.
Lynen zitierte ich schon, aber ich habe auch mit vielen anderen erfahrenen Leuten gesprochen, die mir mit meinen Sorgen Recht gaben. In einem Institut geht es nicht immer im Gleichlauf. Es geht mal mit Höhen, und es gibt auch mal Tiefen. Fragt man genauer, dann zeigt sich, daß ein Institut high lights hat, weil gerade ein paar Mitarbeiter da sind, die wunderbar zueinander passen. Sie bilden das richtige Team, verstehen sich gegenseitig, und einer hilft dem anderen. Aber ein gutes Vorhaben gerät schnell in eine Tiefe, wenn man ein paar Querköpfe dabei hat.
Versucht man, diese Probleme zu Ende zu denken, so heißt dies, daß ein wertvoller Mitarbeiter nicht nur etwas können muß, er muß auch menschliche Qualitäten haben. In der Wissenschaft kommt man nicht als Einzelkämpfer durch, das ist Unsinn. Man braucht die Kommunikation, man braucht den Dialog mit Kollegen. Max Auwärter mit großen Verdiensten als Physiker und als Industrieller schrieb ein kleines Büchlein darüber, wie man eine Mannschaft in Gruppen richtig sortieren sollte. Max Auwärter hat das ganz abstrakt gemacht, er hat gesagt, daß jeder mit jedem reden soll, und man muß vorgeben, wie lange. Eine halbe Stunde am Tag sollte es schon sein, und dann kommt heraus, daß eine Gruppe, die miteinander echte Kommunikation treibt, etwa die Größe von fünf bis sechs Mann haben darf. Ist die Gruppe kleiner, so hat sie nicht den richtigen Wirkungsgrad; ist sie größer (jeder redet mit jedem eine halbe Stunde), so kommt keine Arbeit mehr heraus. Das ist ein Optimierungsproblem. Aber diese fünf bis sechs Mann zusammenzufinden und dann dafür den richtigen Leiter zu haben, der

sie mitreißt, ist unendlich schwierig. Bedenke ich mein wissenschaftliches Leben, dann war das Schönste das noch kleine Institut, so wie wir auf dem Weinberg nach der schönen Gründung angefangen hatten, etwa 10 Wissenschaftler, das war wunderbar und hat genau gepaßt.
Noch etwas sollte ich hierzu sagen: Ich habe natürlich früher geglaubt, durch Vorbildwirkung und Erziehung läßt sich vielleicht der eine oder andere - gemeint sind die Querköpfe - noch umprägen, aber das eben, so die etwas bittere Erfahrung, geht nicht. Fairneß und Kollegialität sind offenbar genetisch bedingt, und wenn junge Mitarbeiter zu uns kommen, sind sie einfach im Sinne der hier gemeinten Charakterisierung gut oder schlecht, was aber zunächst schwer herauszufinden ist.
Ich habe Ihnen, Herr Schmidt, ein großes Institut vererbt, habe es aber nicht geschafft, alles so schön zu sortieren, wie es optimal richtig wäre; es ging einfach nicht. Nun kennen Sie mein Problem, das ich vor mir her bewegt habe und für das ich auch keine Lösung sehe. So radikal wie Lynen kann man nicht sein, aber wie gesagt, mich bedrückt dies alles. Herr Schmidt hat das nun noch etwas schlimmer, weil die Mitarbeiter älter geworden sind, die Alterspyramide ist nicht gut. Mit dem Älterwerden ist jeder von sich selbst noch mehr überzeugt und möchte am liebsten Einzelkämpfer sein. Ich sehe keine Lösung, und auch eine noch so gut überlegte Akademie-Reform wird uns nicht helfen.
Ich fasse zusammen und komme zum Schluß: Nicht nur das rein wissenschaftliche Können ist notwendig, man muß etwas mehr durchschauen, und charakterliche Stärke, Fairneß und Sauberkeit sind genau so wichtig.
Ich bedanke mich noch einmal ganz herzlich, ich fühle mich trotz der hier ausgebreiteten Sorgen mit 70 Jahren durchaus noch als ein fröhlicher Mensch.

Dankeschön!

Autorenverzeichnis

Bethge, Heinz,	Ordentliches Mitglied der Akademie der Wissenschaften in Berlin
Heydenreich, Johannes,	Korrespondierendes Mitglied der Akademie der Wissenschaften in Berlin
Kleint, Christian,	Dr.rer.nat.habil., Karl-Marx-Universität Leipzig, Sektion Physik
Niedrig, Heinz,	Prof. Dr., Technische Universität Berlin, Optisches Institut
Scheler, Werner,	Präsident der Akademie der Wissenschaften der DDR, Ordentliches Mitglied der Akademie der Wissenschaften in Berlin
Schmidt, Volker,	Prof.Dr.sc.nat., Institut für Festkörperphysik und Elektronenmikroskopie Halle (Saale)

CLAUS HAMANN/MICHAEL HIETSCHOLD

Raster - Tunnel - Mikroskopie

1991. Ca. 160 Seiten – 75 Abbildungen
12,5 x 20,0cm – ca. 36,-DM
ISBN 3-05-501272-0
Best.-Nr. 9364

Die Autoren - Mitarbeiter des Fachbereichs Physik der Technischen Universität Chemnitz - unternehmen es erstmals, das Gebiet der Raster-Tunnel-Mikroskopie systematisch im Rahmen einer Monographie vorzustellen. Als 1982 die späteren Nobelpreisträger G. Binnig und M. Rohrer berichteten, daß es ihnen gelungen sei, in einem aufwendigen Laborexperiment einen frei steuerbaren Tunnelübergang zu realisieren, war kaum vorherzusehen, welche phantastischen Perspektiven damit eröffnet wurden. Sie hatten die Entwicklung eines Verfahrens ermöglicht, das in einer nur mit der Entdeckung des Transistoreffekt vergleichbaren Weise in kürzester Zeit und auf unterschiedlichsten Gebieten revolutionierend wirkte. Frappierend ist die konzeptionelle Einfachheit der Grundidee, ausgerüstet mit nichts als einer feinen "Nadelspitze" den atomaren Aufbau der Materie zu untersuchen und aktiv zu beeinflussen. Heute kann die Raster-Tunnel-Mikroskopie bereits zu den Standardverfahren der hochauflösenden Mikroskopie und Mikroanalyse gezählt werden. Sie wird in der Grundlagenforschung und auch in der industriellen Produktion eingesetzt. Mit ihr können anorganische und organische Proben, ja sogar biologische Objekte, untersucht werden. Gemeinsam mit anderen Scanning-Tip-Verfahren, die ebenfalls vorgestellt werden, stößt die Raster-Tunnel-Mikroskopie auch als Werkzeug die Tür zur praktischen Entwicklung der Nanotechnologien auf, zu denen beispielsweise die Molekularelektronik gehört.

Interessenten: Physiker, Chemiker, Ingenieure,
Techniker, Studenten

Akademie Verlag

Bei Fragen zur Produktsicherheit wenden Sie sich bitte an:
If you have any questions regarding product safety,
please contact:

Walter de Gruyter GmbH
Genthiner Straße 13
10785 Berlin
productsafety@degruyterbrill.com